TASTE THE FUTURE

尝 一 口 未 来

张小马 主编

电子工业出版社
Publishing House of Electronics Industry
北京·BEIJING

未经许可,不得以任何方式复制或抄袭本书之部分或全部内容。
版权所有,侵权必究。

图书在版编目(CIP)数据

尝一口未来 / 张小马主编. -- 北京:电子工业出版社,2017.10
ISBN 978-7-121-32733-9

Ⅰ. ①尝… Ⅱ. ①张… Ⅲ. ①素菜—菜谱 Ⅳ. ①TS972.123

中国版本图书馆CIP数据核字(2017)第230973号

策划编辑:白　兰
责任编辑:鄂卫华
印　　刷:中国电影出版社印刷厂
装　　订:中国电影出版社印刷厂
出版发行:电子工业出版社
　　　　　北京市海淀区万寿路173信箱　邮编:100036
开　　本:787×1092　1/16　印张:12　字数:321千字
版　　次:2017年10月第1版
印　　次:2017年12月第2次印刷
定　　价:58.00元

凡所购买电子工业出版社图书有缺损问题,请向购买书店调换。若书店售缺,请与本社发行部联系,联系及邮购电话:(010)88254888,88258888。
质量投诉请发邮件至zlts@phei.com.cn,盗版侵权举报请发邮件至dbqq@phei.com.cn。
本书咨询电邮:bailan@phei.com.cn 咨询电话:(010)68250802

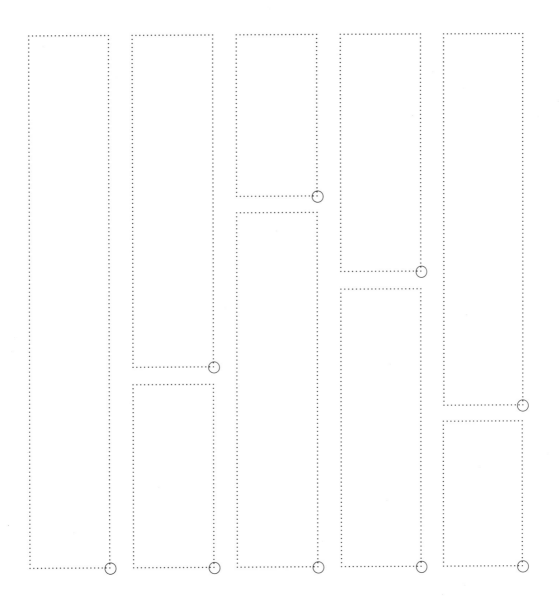

主编 / Chief Editor：张小马 Aileen Zhang
艺术总监 / Design Director：森形设计事物研究室 SENSING DESIGN- 孙梓峰 Sun Zifeng
平面设计 / Graphic Design：孙梓峰 Sun Zifeng　王一超 Yichao Wang
特约撰稿人 /Special Contributor：袁冬妮 NINI　汤玉娇 Jojo Tang　张惠涵 Hailey Chang
特约摄影师 / Special Photographer：帕姆 Palm
品牌运营 / Brand Operator：徐蕾 Lilian Xu　缪婧熠 Megan Miao

别抗拒对新食物的渴望

文 / 张小马

> 卷首语

两年半之前,我还对着吃纯素的男朋友翻白眼儿,现在,我拿着这本"糙米"向他炫耀:"是不是很厉害?"

从非素到纯素,是我人生头二十四年里想都没有想过的一件事儿,而现在,这却成为了我人生中做过的最好的决定,是我现在和未来都将为之情愿付出精力的事业。

2016 年冬天,我加入"素食星球",创始人张思对我说:"小马,我们要出一套 Mook,希望在明年春节前出版第一本。"

从策划到选题到执行到设计,再到拿给出版社走流程,审稿、校对、下厂印刷……只有短短三个月的时间,不得不争分夺秒。

当我们终于把稿子交给出版社的时候,却被狠狠打了回来——无法出版有关营养学的文章。可这些文章都是我们的心血啊!经过沟通、改稿、沟通,最后还是决定去寻找一家更适合我们的出版社,这样一来,我们在 2017 年春节前出版的计划彻底泡汤了!

不过,这也让我们有了更充裕的时间来好好酝酿一把。在这段时间内,我发现,去做一本关于纯素食的 Mook 相比起任何一本美食书都更难。为什么?因为它是纯素的,这意味着没有人们舌尖上所熟悉的大鱼大肉,甚至没有鸡蛋、牛奶、芝士或蜂蜜;这意味着没有什么让"老铁"们都扎心的美食故事可讲,也没有什么十个人里有十一个人都欲罢不能的麻辣小龙虾可谈。我们必须给大家重建对食物的定义。

就这样,我们又把之前所有的稿子重新回炉再造,该补充的补充,该重写的重写,又经过八个多月的磨合,这本书才终于摆到了大家面前。这不仅是"糙米"的创刊号,也是国内第一本倡导纯素理念及生活方式的 Mook,你说激动不激动?

在"糙米"第一期中,我们就是要把大家从长久以来对美食的固定认知中解放出来,并要让大家看到真正属于这个时代的新食物。不管是接地气的美食达人,还是超专业的顶级大厨,不管是街边的亲民小馆,还是高大上的米其林餐厅,越来越多的人不再为了吃而吃,而是更愿意为健康、为环保、为动物、为地球、为和平、为爱而吃。植物性饮食成为了全球发展最快的饮食趋势之一,美食的未来之光终于要闪现了,这才是属于这个时代的新食物,而我们就在这时代之中,正在参与着一场关于美食的大变革!

你敢不敢跳出思维的定式,别抗拒对新食物的渴望,跟我们一起尝一口未来?

CONTENTS

目录

008 你能选择的另一种生活方式 /Life Trends

009 新食物驾到！
022 别让一日三餐与美味无关
042 传统难挡蹿鲞，让料理最对你的味儿！
055 掰开这块司康，满足你对下午茶的全部幻想
062 带舌头一起旅行
088 招牌探店
093 你一定要做的 31 件小事

095 健康的迷思 /Health Decode

096 用超级食物滋养你的身体
109 把「独角兽」装进胃里
120 最好的疗愈来自最天然的食物
124 食鲜最高！用大自然的温度来料理吧！
136 一饭一蔬的光辉

143 人物专访 /Big Vegs

144 素食米其林大厨的人生哲学
155 百年老店的新血液
164 一位烹饪大师的良心和情怀
169 素食主义不会减少我对美食的热爱
174 用心烹饪自然纯粹的味道

183 灵感 /Inspired By Them

184 一场伟大变革的秘方
187 我在纽约学素厨
189 了不起的素食者

别册 北京素食地图

一 尝一口未来

LIFE
TRENDS

你能选择的另一种生活生活生活生活生活**方**　　式

糙米 BROWN RICE

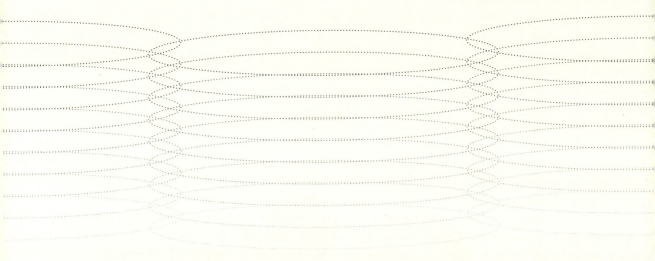

新食物驾到!

编辑/张小马　文/Vegan Kitty Cat

食物是通向美好未来的一把钥匙，它是人与人之间、人与其他生命个体之间、人与大自然之间的一条链接纽带。吃什么，不仅体现了一个人的偏好，更是反应了一个人对待生命和自然的态度与价值观。

很多传统食物在生产过程中不仅占用了过多的资源、伤害了动物，甚至更是自食其果般地危及了人类的健康和生存环境。如此一来，很多纯素食品正如浪潮一样涌现在我们的货架上、餐桌上。不管是纯素的热狗、汉堡，还是纯素的芝士或植物奶，这样的"新食物"已经不再是一种任何形式的牺牲了，而是代表着一种新潮、时尚、有活力的生活方式。如果我们能在享用美食的同时，又能拥有一个可持续的美好未来，何乐而不吃呢？

尝一口未来

01

不能没有芝士

很多人不能保持纯素饮食的秘密就是放弃不了诱人的芝士味道。幸运的是，来自加拿大的Daiya品牌生产了纯素芝士，无论是夹在披萨、三明治里，还是拌在意大利面里都非常好吃，而且它是真正加热后会融化的纯素芝士！除了芝士以外，Daiya更有芝士蛋糕、酸奶、沙拉酱、披萨等产品，而且这些全都不含牛奶、花生、大豆、麸质、蛋、鱼、贝类等过敏源，是比牛乳制品更健康也更人道的选择。这绝对能够帮助那些芝士爱好者顺利完成转变，从此和乳制品说再见。

糙米 BROWN RICE

"以前只要一有纯素芝士产品上市，我就会去买来吃吃看，但通常都非常难吃。"Daiya 创始人安德烈・克罗谢 (Andre Kroecher) 在一篇访谈中表示。这也是为何他和共同创始人格雷格・布莱克 (Greg Blake) 下定决心改变现状的原因。而他们也非常成功，自从 Daiya 2009 年首度问世便广受好评，几年来不断创新研发，不仅有马苏里拉芝士 (Mozzarella)、切达芝士 (Cheddar)、辣杰克芝士 (Pepper Jack Cheese) 等不同口味，而且还有刨丝、切片和块状等不同形状，致力于带给人们更极致的味蕾享受。2017 年 SPINS 市场调查指出，Daiya 是北美地区成长最快速的纯素食品公司，也是北美地区所有食品公司中成长第二快速的，年营收超过五千万美元，俨然带动了纯素食食品的风潮。其销售渠道不仅有各大超市，也和不同的餐厅合作，在菜单上提供他们的纯素芝士选项。虽然现今市面上纯素芝士种类繁多，但目前看来，Daiya 元老级的地位依然屹立不摇！

Daiya Greek Yogurt Strawberry 5.3 oz

Daiya Greek Yogurt Black Cherry 5.3 oz

Daiya Pizza Cheeze Lover's 15.7 oz

02

比肉还好吃的汉堡排

"既然都吃素了，为什么还要吃素肉呢？"这是许多素食者经常被问到的问题。吃素的原因有很多，许多人吃素其实并不是因为不喜欢肉食的味道，而是不忍让动物受尽痛苦，也不希望对环境造成负面冲击。这就是 Beyond Meat 的远见——他们要用植物蛋白创造出美味的肉食代替品，不需要付出高昂的代价，就能够让人们一边享用美食，一边爱护动物、环境和自身健康。无论是汉堡排、素鸡柳条还是纯素碎牛肉，Beyond Meat 用技术证明了素食才是未来世界的食品趋势。

有了微软创始人比尔·盖茨（Bill Gates）和推特共同创始人比兹·斯通（Biz Stone）的投资不说，事实上，前麦当劳执行长唐·汤普森（Don Thompson）甚至离职加入 Beyond Meat 董事会，将自己管理大型食品企业的经验带入这间新创公司。可口可乐的销售部副总裁查尔斯·J·穆斯（Charles J. Muth）也于 2017 年 5 月加入，担任首席成长官。

除了制作美味肉食代替品之外，这家公司也积极呼吁消费者推广素食，并成立了"超级粉丝"项目，在网站上介绍十多位在生活、工作领域推广纯植物饮食的 Beyond Meat 爱好者，以此建立与消费者间的互动。为了打破一般人对素食的偏见，Beyond Meat 还与多位专业运动员合作，让他们成为健康的形象代言人，以此鼓励大众拥抱健康的纯素饮食。冲浪选手提娅·布兰克（Tia Blanco），女子 NBA 最有价值球员马亚·摩尔（Maya Moore）等人都是该公司的忠实支持者。2017 年 4 月开始，应学生需求，顶尖学府耶鲁大学也开始在学校餐厅供应 Beyond Meat 汉堡。

糙米 BROWN RICE

03
最健康的麦芬蛋糕

Abe's Muffins 纯素麦芬蛋糕，背后是一个孩子对多种食物过敏的故事。Abe 的爸爸和叔叔家里开的都是传统烘焙坊，但他却对鸡蛋、牛奶、果仁、花生、大豆等过敏。从小在学校里、派对上，其他孩子吃着饼干、蛋糕，他却只能吃水果。而 Abe's Muffins 纯素麦芬就是 Abe 的爸爸为了那些像自己的孩子一样有食物过敏的消费者而发明的。现在，Abe 不再是学校里那个只能眼睁睁看着其他孩子吃甜食的小男孩了，反而所有小伙伴都希望跟他分享他的纯素麦芬！

虽然食物过敏是一个严肃的健康议题，但一般大众却对这个健康威胁了解不多。因此，该公司的网站上有整整一页详细的介绍，包括食物过敏的反应、数据统计，以及面向食物过敏的消费者的购物指南，还帮助他们整理出外买菜应该避免的食物种类。食物过敏症状轻重不一，严重的状况可能会导致死亡，因此这家公司不使用含过敏源的食材，所有的装备设施都和过敏源零接触，并致力于提升大众的知识和意识，为孩子的健康把关。

食物过敏不需要放弃甜点，而纯素饮食也不意味着和甜点无缘。Abe's Muffins 纯素麦芬蛋糕口感松软又不会太甜，有蓝莓、巧克力、胡萝卜、椰子、苹果等口味，在全美许多超市都可以买到，是公园野餐、生日派对和平日家里必备的美味糕点。

黄油抹酱不油腻
04

谁不喜欢一大清早起床从卧室走出，就能闻到刚从烤箱里拿出的香气四溢的面包呢？这时候，你只缺一样东西——香浓可口的纯素黄油抹酱！Earth Balance 旗下有原味、橄榄油口味、有机椰子油口味等抹酱，无论是和什么早餐搭配，或者用来烘焙等，都令人垂涎三尺。以植物性原料做成的抹酱，不会让人吃了有油腻的感觉，绝对清爽无负担！

尝一口未来

©Instagram@layla929

Earth Balance 公司自 1998 年成立于美国科罗拉多州，一开始只是间卖纯素黄油抹酱的小公司，但没想到产品推出不久便广受好评，业绩蒸蒸日上，随后如花生酱、奶油、小零食、芝士通心粉等产品也陆续推出，成为美国发展最快速的纯素食品公司之一。顾名思义，"Earth Balance"是以"大地之母"为灵感命名，希望用美味用心的纯植物产品来推广对地球的爱，取得人与自然间的和谐相处，因此除了制作纯素美食、使用可回收的包装，Earth Balance 也仅使用经由棕榈油产品认证组织（POIG）认证合格的棕榈油，并获颁该组织奖项，成为第一家使用可持续棕榈油的美国公司，同时为"国际猩猩基金会(OFI)"提供经济资助，帮助 300 多只猩猩重返野外森林。他们也是非基因改造食品的大力支持者，坚决使用天然原料来维护消费者的健康。

05
植物奶也浓稠

喜欢牛奶的浓稠，却不想将脂肪和胆固醇喝下肚？没问题！这家公司原名"Elmhurst Dairy"，是 1925 年成立于美国纽约的乳制品公司。原先身为纽约乳制品行业巨头的这家企业，在近年遭受不景气，导致工厂关闭。不景气的原因很简单——在美国，消费者购买乳制品的比重逐年下降，自 2011 年到 2015 年，整整下滑了 13%！许多人有乳糖不耐症、过敏，再加上出于对动物的爱护不忍饮用牛奶，如此一来，植物奶便成了消费者的新宠。

糙米 BROWN RICE

当面临市场变革，有些企业无法应对，便会就此销声匿迹。然而，Elmhurst 并没有因此灰心，反而愿意倾听消费者的心声，将公司重新定位，转而生产杏仁奶、腰果奶、榛果奶等植物奶。如果这是 21 世纪消费者愿意掏腰包购买的商品，那么就为他们提供最好的服务吧！自从公司重新整装出发，销售量已远远超过预期。《商业内幕》(Business Insider) 杂志于 2017 年地球日详细报道了 Elmhurst 的故事，引发全球消费者好评，相信也能启发越来越多的食品公司转型为纯素食企业。

不像其他一些大品牌，Elmhurst 的植物奶饮品不添加增稠剂、乳化剂、安定剂等，包装也仅使用可回收材质。由于使用独特的低温研磨，在研磨过程中不会令果仁升温破坏其营养素。无论是直接饮用或加入果昔、咖啡或茶，这些不同口味的植物奶都是最佳的选择！

06
如假包换的"鸡蛋"

015

尝一口未来

要成就大事，就必须倾听自己内心的声音，跟随自己的热情。这一点，Follow Your Heart 的创办人——1970 年代阳光加州的四个嬉皮小伙子——非常清楚。纯素食这个概念，在当时对一般人来说还是非常陌生的。他们从一间只有七个座位的纯素咖啡厅开始经营，后来将附近一间肉铺改造成超市，专卖纯素食品和原本就广受好评的"酪梨番茄苜蓿芽三明治"。然而，就在搬到新家不久，竟发现原来给他们供应"纯素蛋黄酱"的商人其实是个骗子，只是将一般蛋黄酱换个包装重新转售罢了！失望之余，Follow Your Heart 三明治停卖，他们一边寻找真正的纯素蛋黄酱，却遍寻不着。既然市面上找不到，不如就自己做吧！经历了无数次的失败和尝试，终于 Follow Your Heart 纯素蛋黄酱问世，明星商品三明治又回到了菜单上。

多年来，Follow Your Heart 除了研发纯素芝士、沙拉酱、酸奶、酸奶油、无麸质面包，更推出了仿真度极高的纯素鸡蛋。在这个商品推出前，市面上的鸡蛋代替品通常都只能在烘焙上使用，或用炒豆腐代替炒蛋。但这个纯素鸡蛋简直如假包换，无论是口感还是色泽都像是真的鸡蛋，却不含鸡蛋的脂肪和高胆固醇。2017 年 3 月才刚在自然食品展览会上亮相的纯素松饼粉，是不含大豆、麸质或果仁的，除了适合纯素食者，也是过敏人士的最佳选择。

Follow Your Heart 另一个创新点，在于他们对环保的承诺。他们的工厂里使用的是太阳能发电和节能灯光系统，地上铺回收地毯；并减少商品包装中的塑胶成分；还积极实施"零垃圾政策"。素食对他们来说并不只是一个新潮的噱头，而是环保又有爱心的生活方式。不意外，几年前该公司也荣获美国国家环境保护局颁发的"绿能领袖奖"提名，肯定了他们在环保上的努力。

糙米 BROWN RICE

07 无蛋的蛋黄酱

谁说蛋黄酱一定得用蛋才做得成呢？谁说生产美食的背后一定会造成其他动物的痛苦呢？成立于旧金山的食品公司Hampton Creek勇于挑战现状，用豌豆蛋白、浓缩柠檬汁、醋等不含动物成分的原料制成比传统蛋黄酱更美味的产品——Just Mayo。这家公司来头不小，背后是微软创始人比尔·盖茨（Bill Gates）、前香港地区首富李嘉诚及雅虎创始人杨致远等人士的投资。

Hampton Creek想证明给大家看的是：这个世界的食物体系，是可以建立在正义的基础上的。"Just"的意思就是正义、公平，饥饿的成因不是食物稀缺，而是资源配置的不公正。我们所生产的粮食可以喂饱100亿人口，但全球却有超过10亿人口每日挨饿，原因就是大量的粮食被拿去饲养动物，这些动物再被杀死成为较富有地区或个人的食物。畜牧业同时是影响气候变迁的头号原因之一，并且人类在全球各地砍伐雨林、造成海洋死区。这样的一个食物体系是没有未来的。在这样敏感的时刻，有远见的公司同时也能够看到未来的商机，因此，Just Mayo过去几年来已经在全美许多主流超市和卖场上架，给消费者提供更健康也更人道的新选择。

事实上，Just Mayo发展之好，甚至在2014年被生产传统蛋黄酱的Hellmann's企业视为头号敌人，以"广告不实"为由告上法院，声称Just Mayo因为不含蛋，不得自称为是"蛋黄酱"。当时这项提告闹得沸沸扬扬，许多消费者认为这其实是对Just Mayo的变相肯定，因为要不是看到了这项商品的潜力，传统企业怎么会觉得受到威胁呢？好消息是，终于在2016年初，Hellmann's撤回了诉状，并宣布推出旗下自有的无蛋蛋黄酱产品，来满足消费者对纯素食品的需求。

Just Mayo Mayonnaise 12 oz

尝一口未来

08 滋滋作响的"培根"

说到"纯素",总觉得是近年才流行起来的新潮生活方式。但其实有家公司早在 1979 年就默默开始制作植物蛋白食品来取代肉食了,可是名副其实走在时代尖端。最早成立于美国马萨诸塞州一家洗车场改建的建筑中,Lightlife 过去近 40 年来制作素培根、热狗、天贝、健康快餐等食品,近期更推出了内馅是羽衣甘蓝、素腊肠、纯素马苏里拉芝士等原料的意大利饺子和纯素牛肉干!他们的纯素培根是搭配早餐面包的最佳选择,加上不同口味的天贝,一起在煎锅里滋滋作响,简直美味至极!

早在转基因改造食品议题受到大众关注前,Lightlife 所有的食品均已通过非转基因改造食品认证了。超过 35 年来,Lightlife 也将营收的 5% 捐赠给环保组织,关心消费者健康的同时也爱护大地之母。有些肉食公司或许将素食视为是对传统肉食饮食文化的威胁,但其实素食食品所代表的是一个转机——由于环保、健康和人道等不同原因,有越来越多的消费者摒弃动物性制品。这个时候,谁能看准纯素食品的大好商机,谁就能够成功。2017 年初,加拿大肉品公司 Maple Leaf Foods 以高达 1 千 4 百万美元的价格收购了 Lightlife,未来将投注更多资源大力发展植物性蛋白产品,以符合新一代消费者的期望。

09 零罪恶冰淇淋

糙米 BROWN RICE

想吃冰淇淋又不想发胖的朋友们，澳大利亚的 Over The Moo 纯素冰淇淋简直就是为了你们量身订做的！用椰奶做的香草、巧克力、焦糖、黑芝麻、花生、芒果、抹茶等九种口味的冰淇淋，让人在享用美味冰淇淋的同时又不会对身体造成负担！

这家冰淇淋品牌的创始人是 1989 年出生的悉尼小伙子艾历克斯·霍斯曼（Alex Houseman）。自青少年时期便有乳糖不耐症的他，以前总是眼睁睁看着自己的女友吃着冰淇淋，自己却不能吃。有一天他突然灵光乍现——何不自创一家纯素冰淇淋品牌呢？接下来，他辞掉了工作，开始"砸钱"研发兼具口感和口味的椰奶冰淇淋，并买下澳大利亚第一台可爱复古的冰淇淋卡车，开着到处跑，给大众提供 Over The Moo 纯素冰淇淋。冰淇淋卡车是他儿时的最爱，但苦于乳糖不耐症无法好好享受，现在自创了品牌，更要一圆儿时的梦想。才不过两年的时间，他的纯素、无麸质冰淇淋就已经在澳大利亚全国九百多家超市销售了。

"我们不把自己定位为只是给纯素食者或乳糖不耐症人士的冰淇淋。"Alex 在一篇与《每日邮报》(Daily Mail) 的访谈中谈到。正是因为有了 Over The Moo 这样的品牌，让更多人能够零罪恶感地大口享受着冰淇淋！

10
最受欢迎的"烤火鸡"

Tofurky 或许是最棒的纯素食食品公司之一了。他们的天贝、素腊肠和每年感恩节期间限定的纯素烤火鸡，简直让肉食者也大为震惊。但除了美味的食品外，仔细研究一下该公司的故事，会发现其独特之处：这家全美最知名的纯素食食品公司之一，竟然是一家没有股东的家庭企业。他们秉持着原则重于利益的价值观，多年来捐助食品或资金给无家可归人士的组织、农场救助动物庇护所、动物福利机构，也通过举办年度马拉松来为非营利组织募资。

该公司创始人塞斯·蒂伯特（Seth Tibbott）也是位"奇人"——身为自然主义者、住在自己搭建的树屋的他，从1972年就开始吃素。在一篇与美国动物保护组织Vegan Outreach的访谈中，他提到一开始研发纯素烤火鸡，其实是因为自己每年感恩节家庭聚餐总是选择极少，因此让他起了这个念头。1995年最先开始销售纯素烤火鸡，得到了极佳的反馈。有顾客表示自己已经等了20年才等到这么好的产品。

在美国，感恩节是和家人一起庆祝的温馨节日，每年却也有45000000只火鸡因为感恩节而丧命。好消息是，过去十年来全美Tofurky纯素火鸡销售量已上升123%，火鸡销售则降低9.6%，证明了一般大众越来越理解到庆祝佳节不需要伤害其他生命。Tofurky目前产品多样化，因此也不受季节限定，无论披萨、汉堡排、素热狗都非常受欢迎。

糙米 BROWN RICE

Orange Roast

Jerky

结语

这些纯素企业的背后,是一个个对未来充满憧憬、致力于改变现状的创业家。而身为普通的消费者,我们所能做的,就是在每一次掏腰包之前都尽可能地去了解不同食物对自己、其他生命以及地球环境的影响,因为我们每一个人的选择都直接关系到我们的未来和地球的未来。

尝一口未来

别让一日三餐与美味无关
「NINI」和「清宁」的七日蔬食全记录

早 中 晚

编辑 / 张小马

从把美味的食物送入嘴里的那一刻起，它就变成了我们身体的一部分，它就变成了我们。让空虚的胃温暖，让饥饿的肚子充实，恍恍惚惚的身体一下得到了全部能量，空空落落的内心找到了期待已久的曙光。跟 NINI 和清宁一起好好吃饭，好好做饭，别让一日三餐与美味无关。

01　02　03　04　05　06　07

糙米 BROWN RICE

NINI，原名袁冬妮，中华自然疗法总会自然饮食疗法咨询师，国家二级公共营养师，台湾地区临床食疗大师欧阳英老师弟子，还获得了生食厨艺认证证书，擅长并且不断学习很多主流素食的料理方法。生活态度明确，不喜欢用时间换钱，希望用知识和美味改变更多中国人。

NINI 的七日蔬食全记录

DAY 1

黑芝麻 Smoothie Bowl + 牛油果柠檬派

记得以前冬季最懒惰的早餐就是黑芝麻和燕麦奶打成的"黑芝麻糊"了，刚刚入冬就构思了这碗应景的黑芝麻 Bowl，加一些无花果、葵花籽、黄金亚麻籽随意摆成 Topping，搭配前一晚做好的牛油果柠檬派，满满的早冬能量。

早

尝一口未来

午

**百里香香菇藜麦饭 +
甜菜根苹果冷汤 +
南瓜水梨冷汤**

我把这份满意作品叫做"素的卤肉饭",因为它真的太香了。搭配的汤品灵感来自西班牙冷汤,同时结合食生料理会使食材保留更多营养,南瓜冷汤搭配了秋季应季水果——水梨,它还可以中和南瓜特有的腥味,甜菜根搭配苹果也是同样的道理。南瓜冷汤低热量,富饱足感,甜菜根冷汤富含铁质,预防贫血,颜色亮丽,它们也是招待客人的开胃汤品。

**生食罗勒千层面 +
胡萝卜腰果甜汤**

晚

传统的千层面热量很高,会用到比较多的面粉和芝士,这款不用黄油面粉,不用烤箱的千层面,第一次做就惊艳到了自己的味蕾。节瓜是经常用来替代意面的蔬菜,搭配腰果起司酱、自制番茄酱、菠菜罗勒酱,只要不嫌麻烦制作好这3种酱料,就可以享受到很立体很好吃的口味,而且吃下一大份都毫无负担。胡萝卜腰果热汤,是在学习食疗开方的时候学到的,它对感冒、干眼症、脱发、骨质疏松都有很好的调理作用。

糙米 BROWN RICE

DAY 2

早

绿色 Smoothie Bowl

说到早餐，绿色 Smoothie 是我的最爱，如果能有时间做成 Smoothie Bowl 简直就是颜值和味道的华丽丽享受。今天做了平时常做的羽衣甘蓝牛油果 Smoothie 液体，搭配了红色、黄色、绿色的水果，再加一些奇亚籽补充 Omega-3，大满足。

午

甜菜根鹰嘴豆泥拼盘 + 生可可奇亚籽布丁

鹰嘴豆是我刚开始吃素就主动去学习的经典零食啦，这个豆子之王加上一大盘的蔬菜等真的是很均衡很美味的一餐了。今天做了迷人的甜菜根鹰嘴豆泥，搭配了喜欢的蔬菜棍棍和玉米脆片，还有2杯分分钟就做好的生巧克力奇亚籽布丁，这个组合也特别适合晚上看电视时一边靠在沙发上一边享用！

尝一口未来

俄式奶油烤杂拌（纯素）+ 乌克兰红菜汤

很小的时候，我家附近有一间"维兰西餐馆"，有一位现在已经是老爷爷的主厨做经典的俄式西餐，那是我对中餐以外美食的最早记忆。最最喜欢的一道主菜就是"俄式奶油烤杂拌"，去过"老莫"的吃货们一定点过吧？我曾经多少次模仿它的味道，都失败了。如今我在对素食料理稍微"开窍"以后，竟然在一个下午，成功地把它"改素"啦，成功的意思是"非常好吃"！两个人吃了一个大大的烤盘的份量。不用芝士也可以拉丝的呢。也许它是我最满意的原创菜了……因为是俄式口味，另外为它搭配了纯素的乌克兰红菜汤，这两道经典能变成素食，幸福，感恩。

晚

DAY 3

糙米 BROWN RICE

早

胡萝卜核桃 Smoothie Bowl

继续 Smoothie 吧。胡萝卜汁也是经常用在 Smoothie 里面做液体的食材,如果你想要一碗大地色系的 Bowl,这碗胡萝卜核桃果昔碗也是我认为不错的搭配。点缀相邻色系的枸杞、食用花朵、椰丝,也会华丽丽的不忍去吃掉呢!PS:咱们中国的枸杞也是在国外很受重视的超级食物呦。

午

金色烤南瓜意面 + 羽衣甘蓝圣诞沙拉

吃货都喜欢各种意面吧。而且很多食材都可以做成意面的酱料,千万不要担心意面一定要搭配肉肉才好吃。秋冬来了,用里瓤金色的小绿南瓜,烤熟以后熬成浓浓的金黄色浓汁,裹上刚刚出锅的扁型意面,像吃到奶油一样好吃。羽衣甘蓝沙拉是一道很家常做法的沙拉,完全用双手制作,只要给蔬菜做好舒舒服服的油压,稍微调汁就很好吃,搭配番茄干,深红加深绿,色彩太"正点",所以我叫它"圣诞沙拉"。

尝一口未来

日式古早酱油饭 + 小森林糖煮栗子 + 甜辣白萝卜

在日本，白饭上淋酱油，再打一个鸡蛋，就是日式最经典的古早酱油饭。今天我用生食料理方法做一碗纯素生食酱油饭，可以哦。以口味温润柔软的牛油果代替鸡蛋，有机花椰菜代替米饭，拌上自制的醋酱油，搭配甜辣的白萝卜丝，也是一种小确幸。看过《小森林》以后就特别想做糖煮栗子，而且也到吃栗子的季节了，这道看起来简单的美食需要有些许的耐心，从泡栗子、剥栗子皮、3～4次煮栗子，慢下来美味就会出来。

DAY 4

巧克力羽衣甘蓝 Smoothie

今天我将羽衣甘蓝的绿色和巧克力色撞在一起，口感还是很不错的，冰淇淋的质感也许会吸引小朋友的眼球。

早

糙米 BROWN RICE

午

印度炸杂菜配咖喱淋酱 + 印度香料茶

印度菜的浓烈和热情我很喜欢,善用咖喱的民族嘛。没有去过印度,有一次去义乌,街上全是印度人开的印度馆子,当时在断食,一口也不能吃,只是看着朋友一顿一顿地吃……这道印度炸蔬菜搭配了秘制咖喱淋酱,虽然有些麻烦,但是客人来聚餐的时候值得一做。我用杏仁奶和各种香料做了迷人的印度香料茶,有些朋友会觉得怪,有些朋友很喜欢,大多数香料是暖身的,也是强抗氧化的,比如姜黄粉,所以小用一下香料对身体是有好处的。

晚

生食 BBQ 手工汉堡 + 番茄山药酸奶

这道新鲜番茄取代面包做成的生食汉堡,曾经有个不吃素的朋友到家里来,我说这个汉堡口味不太寻常,不一定好接受,没想到朋友吃了一口就说很好,令我记忆犹新。它的好处是,在你想吃汉堡的时候,可以不用担心卡路里!地瓜和胡萝卜做成的汉堡排,在风干机中烘干的时候,已经散发出说不清楚的诱人香气,搭配有烟熏味道的 BBQ 酱汁,一口咬下,神秘的食材搭配就变成了取悦你的口感。番茄成熟的季节,用番茄加苹果,再加上被称为"山中鳗鱼"的山药,搅拌而成一杯没有酸奶的清爽酸奶吧。山药富含淀粉酶消化酵素,以及能保护胃壁的黏蛋白,用它作为下午茶的小点心也是非常的合适。

尝一口未来

DAY 5

早

手工格兰诺拉燕麦 + 苹果肉桂冷泡燕麦

格兰诺拉燕麦是"歪果仁"早餐的主角,比如出国旅游时在酒店的自助早餐中其实你也一定吃过做好的格兰诺拉,它是一种用传统燕麦提前烤好的浓郁香甜的燕麦,但是你也许不知道自己就可以提前做好,然后储存。我用了南瓜籽、葡萄干、椰丝、椰子油、龙舌兰糖浆,还有亚麻籽鸡蛋做了这款香甜的格兰诺拉,在早晨浇上杏仁奶,再放上一些蓝莓就可以开动了!因为是两个人吃早饭,所以我另外做了一份风格不同的苹果肉桂冷泡燕麦碗,比起格兰诺拉,一个清爽,一个甜腻。

午

纯素肉丸芝麻菜热狗 + 芦笋浓汤

谁说吃素就会放弃肉丸子,我一直在研制"素食中的肉肉",这款终于做成圆形的肉丸子用了我快一个下午的时间。这个丸子虽然"仿荤",但是没有餐厅派仿荤中那些过多的调味料,健康轻盈,富含来自白豆和蘑菇的植物蛋白和纤维,比一般的牛肉球、猪肉球低脂高纤不少哦。做好以后,可以像我一样霸气地夹在 SUB 面包里,还可以搭配意面,或者插上牙签直接吃!芦笋浓汤是我做了很久的一道汤,淡淡的绿色就很讨喜,如果你不太会做芦笋,把它做成芦笋浓汤也绝对令人喜欢。

糙米 BROWN RICE

塔花（宝塔菜花）沙拉佐杏仁芝麻酱 + 苹果磅蛋糕

塔花？听有机基地说它是 11 月开始采摘的，所以我决定吃一吃这个冬季可以有的蔬菜。记得在一本英文食谱上见过它的美照。因为它的酥脆质感很像西兰花，所以我把以前做过的一款西兰花甜椒沙拉直接改成了塔花沙拉，搭配杏仁芝麻酱，糯糯甜甜，颜色丰富，搭配热乎乎的苹果磅蛋糕，可以吃一大盘。

晚

D A Y 6

早

粉色树莓 Smoothie Bowl

我做 Smoothie 是按颜色走的，该做粉色啦。用了草莓调成粉嫩的液体，点缀鲜红色的树莓，还有自制巧克力碎屑、椰丝，就会很迷人，味道也很取悦"甜品控"。如果稍加增稠，也是可以做成蛋糕的！

尝一口未来

午

**韩式炸牛蒡苜蓿拌饭 +
羽衣甘蓝 / 节瓜脆片 +
素燕窝**

素燕窝是在北京雾霾天送给大家的，我们不需要花很多钱去破坏小燕子的家，就可以喝到和燕窝同样功效的好东西。多亏了银耳姑娘。传统方法用高压锅需几个小时才可以把它的多糖质熬煮出来，如果你有高速破壁机的话，1 分钟就解决了，它能帮助我们清理吸入肺部的脏东西，对皮肤也很好，真的太棒了。以前在外面吃饭经常会点没有鸡蛋的素拌饭，但是也不可避免酱料里面含有鱼露和虾酱的可能。今天我自己调了纯素的韩式甜辣酱，除了自己喜欢的蔬菜，另外搭配了非常高能的芽苗君——苜蓿，和具有食疗功效的炸牛蒡丝，它们不仅仅营养超好，牛蒡丝还会带来肉丝的替代感。旁边的零食是羽衣甘蓝脆片和节瓜脆片，嘴馋的时候，可以试试完整封存了食材最天然美味的干燥蔬果脆片。我分别调了芝士味道的酱汁和香辣酱汁，经过 8 个小时的烘干，它们变得像薯片一样浓郁脆脆，太喜欢用它们做零食了！

晚

**蘑菇白酱节瓜意面 +
西兰花奶油浓汤**

节瓜意面很是经典。如果没有节瓜，用北方的西葫芦也是可以的。腰果酱是我最常用的也最百搭的白酱之一，为了模拟奶油蘑菇面的口味加了一些用酱油调过的白蘑菇，摘几片盆栽的紫叶生菜，一大盘就妥妥的了。西兰花浓汤算是我的招牌浓汤，哈哈，曾经也有一个不吃素的朋友评价这道汤说真的很好喝，"很奶油"。另外，经常熬夜晚睡的我，很喜欢在想吃夜宵的时候喝一碗热的蔬菜浓汤。

糙米 BROWN RICE

DAY 7

浆果西柚 Smoothie Bowl + 免烤布朗尼

买水果的时候看到了红红的西柚,所以就有了这碗还挺好看的浆果西柚红色 Smoothie,另外还搭配了蓝莓和树莓,抗衰老组合,西柚还帮助我们瘦瘦瘦,姑娘都会喜欢吧!旁边是我拿手的免烤布朗尼,因为用了生可可,抗氧化能力比传统可可好太多,我很喜欢它。

早

午

小扁豆"牛肉"厚肉堡 + 椰奶奇亚水

终于完成它了！我的牛肉味"厚肉"双层堡，灵感来自超马之神斯科特（Scott Jurek）的食谱，稍做了调整，这次很满意。蔬菜和蘑菇做成的肉饼完全不用担心吃得太多，因为天然植物成分消化代谢很快，比起纯肉饼要健康很多。这才是研发纯素肉饼的真谛。另外搭配了提前一天泡好的奇亚水和椰奶调成的植物奶，吃完它们简直全身充满力量。

地中海无花果沙拉 + 红宝石（石榴）汽水

五年前在土耳其，印象最深的街边水果就是红石榴和无花果，红石榴压榨的果汁走几步就能喝到一杯，土耳其的红石榴是外皮红色的那种，和国内的品种略有外观区别。因为知道红石榴具有抗氧化和美容的功效，所以那些天我每天都会喝上2～4杯。无花果和无花果干也是随处都能买到，只是当时并不了解它的好处和吃法。另外，土耳其的地中海饮食给我最深的印象是，三餐都有大量的新鲜蔬菜，而搭配它们的淋酱主要是健康的油醋汁，并没有欧美地区那样厚腻的酱料。所以今天做了清爽的地中海无花果沙拉，和姜味儿红宝石汽水，配了伊斯坦布尔蓝的玻璃盘子，小怀念一下那个国家的美味和美丽。

晚

糙米 BROWN RICE

清宁，2006年因看到纪录片《如果屠宰场是透明的》，毅然走上素食这条路。2008年辞职去北京，在素食店从端盘子刷碗开始，学习素食推广；2011年接触学习自然农耕法，开始和家人一起实践零垃圾环保的农耕生活。十年来完全投身于素食环保的推广，喜爱摄影，喜爱大自然，喜爱分享蔬食料理。目前定居大理。

清·宁·的·七·日·蔬·食·全·记·录

第一日

| 早 | 午 | 晚 |

素包子 + 坚果小米粥

早

都说一天的营养要从早上开始，所以我的早餐坚持不能马虎的原则，既能吃饱还要吃好！而传统的包子配热粥，特别适合冬天的早晨。包子馅通常喜爱用青菜、胡萝卜、西葫芦，加上炒香的豆腐、香菇和木耳，最后有一味调鲜的材料——生姜，稍以调味刚刚好。在周末和家人一起包包子，再等待热腾腾的包子出炉，太幸福了！

香椿酿豆腐 +
山药菠菜羹 +
核桃油炒菜苔

午

冬季最进补的食材非山药莫属。水是冬季的五行属性，水的特性：“水曰润下”，水对应肾。所以冬季多吃些白色的食物是非常好的，如萝卜、白菜、银耳、豆腐等。而菠菜山药羹是我非常喜爱的一道菜，不仅大人喝很好，家里有素宝宝的也是非常棒的辅食哦！豆腐搭配香椿的传统做法大概是凉拌或者小炒一下，而我将煎好的豆腐中间挖空，塞进自己炒制的香椿酱，再用红烧的方式卤入味，光是想想就快流口水啦！

香菜杂蔬烩饭

晚

之前在网络上很红的料理就是香菜，甚至国外有人开店所有菜都是以香菜作为主料，这样的店你以为没客人？事实上每天的等位就要足足1个小时，所以如果你不拒绝香菜，这道主食既特别又营养。香菜还是排肾毒的好帮手！只要加入你爱吃的蔬菜，如胡萝卜、笋干、莴笋、油豆腐等，先把蔬菜们炖好，快熟时加入米饭烩一烩，最后放入香菜炒匀出锅就是美美的一餐啦！

第二日

| 早 | 午 | 晚 |

综合坚果慕斯 + 苏打饼干

早

红心火龙果、香蕉、苹果、核桃、松仁、火麻仁、奇亚籽，这样一碗高颜值高营养的能量早餐想必没有人会拒绝哟！我家每天都会来上一碗，头一天晚上会用酵素水把种子类泡一晚，这样可以让种子变得更加有生命力！每天都要生吃含维生素C的蔬菜水果，一般维生素C只能来自于水果。维生素C也是合成胶原蛋白的必需成分，增加铁质、钙质、和锌的吸收，缺乏维生素C的素食者容易贫血。

番茄豆腐 + 椰香菠萝饭 + 水果寿司

午

菠萝一年可以产两季，可以瘦身养颜，是女孩子最爱。菠萝饭是一道有名的云南菜，它的原料在各个地方都能容易地买到，酸甜开胃，颜色丰富，特别是小孩子会很喜欢。而要做好一份美味的菠萝饭，一定要选用糯米，并且在米中拌入植物油，把整个填满米的菠萝蒸熟为止。我的小秘方是在出锅后加入草莓和猕猴桃，再撒上腰果，这样更香甜软糯，满嘴滋香！

女神汤

晚

偶尔晚上想做轻食就会选这道女神汤，桃胶、金银耳、莲子、雪莲子、雪燕、葛根、山药片、红枣、百合、薏仁，每样抓一点炖一锅，美美喝一碗，补充胶原蛋白！

糙米 BROWN RICE

第三日

椰奶燕麦餐

早

五分钟快手椰奶燕麦餐，燕麦是很好的植物纤维素来源。植物纤维素能帮助身体排除超出所需的雌激素。身体排除雌激素的方法之一是从消化道。肝脏将雌激素从血液中提出，改变其化学结构然后经过胆道运送至小肠内，在小肠里植物（谷类，蔬菜，水果和豆类）等的纤维素能护送雌激素经由肠道排出体外。如果没有足够的纤维素在消化道中护持，雌激素会被重新吸收进入血液再度被活化，身体尝试排除的荷尔蒙就因不足的纤维素而回到了身体循环系统中。

炝炒杂菌 + 海带魔芋清肠汤

午

素食餐桌营养建议每天一菌一豆一汤，我很喜欢清爽又营养的海带魔芋汤配爆炒野生菌。在大理得天独厚的环境下这些自然生长的野生菌营养非常丰富，用青辣椒加胡萝卜片爆出香味放入菌子炒熟即可，这道菜非常下饭，也是云南特色菜。素食中不得不提魔芋，它是人体的清道夫，食用好处太多。平时我也会用番茄辣椒爆炒卤入味，而要排毒清肠，不妨用海带、莲藕与其一起煲汤，非常鲜美，加些小黄姜片放入电饭煲，加水炖熟即可，起锅时点少许芝麻油或者核桃油，鲜美减脂又不失营养哦。

时蔬大馄饨

晚

馄饨是中华传统美食，吃素以后也总是想念荠菜大馄饨，每逢荠菜上市，就去山野挖回来做一碗馄饨汤，鲜美无比！素食就是这么简单！

尝一口未来

第四日

早	午	晚

纯素咸粽

蕨菜香干 +
茴香饼 +
凉拌鱼腥草 +
豆皮卷野菜 +
炒苋菜

味噌辣木手擀面

因为特别爱吃咸粽子，所以家里不只在端午节才包，平时想吃的时候也会做。咸粽子用酱油拌入糯米加上花生，包的时候放入板栗、大豆素肉、炒香的笋干和香菇，焖一晚上，早上起来就可以吃啦！

瞧，这一桌的野菜！都是路边山上采回来的，在大理靠山住，宝贝可是很多呐！野茴香随处可见，用来烙饼最香不过了。蕨菜一定要用开水烫熟，配上熏豆干红辣椒煸干还是非常美味的！这里值得一提的就是鱼腥草根，很多人觉得它味道很怪，其实凉拌鱼腥草一定要用腌制调料腌入味才好吃，加上醋、花椒油、辣椒油，味道就不会那么怪啦！经常吃鱼腥草可消炎，增加身体免疫力。

晚

面条最爱自家做的手擀面，加了云南特有的辣木粉，辣木含钾高，对于国人高钠的饮食很是有益，是联合国粮农组织推荐的新能源食品。味噌是当地老婆婆自己做的发酵豆豉，味道太鲜了，简单配上胡萝卜、黄瓜、豆芽一拌就 OK 啦！

糙米 BROWN RICE

第五日

越南什锦汤河粉

㊋ 早

什锦汤,可以用来做面和粉,都会很好吃,主要三样食材不能少,第一香菇,第二番茄,第三白胡椒粉。放油炒至香菇出香味,加入番茄微微炒一下加水,烧开后加盐和胡椒粉,煮开下面或者粉即可。如果喜欢加些别的菜,根据熟的时间快慢放,比如我放的丝瓜和地瓜叶、金针菇都是很好熟的,煮得太过反而不好吃,那就先下粉,煮开后再放这些食材就好啦。在寒冷的冬季吃上一碗,暖呼呼的!

酱香芦笋 + 清蒿白干 + 红烩莴笋豆豉

㊋ 午

芦笋和芦蒿都是营养价值很高的蔬菜。经常吃对身体益处多多,无论凉拌、清炒,还是做沙拉都别有一番滋味!

鹰嘴豆椒盐豆干沙拉

㊋ 午

沙拉不一定要有沙拉酱才好吃哦!将豆干和香菜、芹菜炒香拌上切好的黄瓜、番茄,最重要的是撒上天山奇豆——鹰嘴豆,满满一盘咔哧咔哧香极了!我国传统饮食讲究"五谷宜为养,失豆则不良",意思是说五谷是有营养的,但没有豆子就会失去平衡。现代营养学也证明,每天坚持食用豆类食品,只要两周的时间,人体就可以减少脂肪含量,增加免疫力,降低患病几率。鹰嘴豆可谓很好的选择,而鹰嘴豆除了可以整颗食用,用来做豆浆还无需滤渣,是不是很棒呢!

早
午
晚

尝一口未来

早	
午	晚

第六日

鲜毛豆浓汤 + 法式面包

这道菜是我第一次来大理就立刻爱上的一道农家菜，在毛豆成熟的季节，将鲜豆剥离豆荚，放入搅拌器加水搅拌成泥，放入锅中加点盐煮熟即可。别看做法简单，可是味道就是鲜，特别鲜。小朋友用来拌饭可以美美吃一大碗，而我用它配法式面包片。毛豆含钾高，膳食纤维丰富，还富含很多维生素B，所以吃鲜毛豆营养价值很高！

酸甜咕咾肉 + 蔬菜沙拉

这道菜是不是能排名中国第一呢？据说外国唐人街上的餐厅必有这道料理。可是传统的番茄酱可能含有很多色素添加剂对身体不太好哟！那怎么做出这样的颜色呢？答案就是用新鲜番茄自己做酱，将番茄烫熟剥皮，然后用油炒成酱加入醋和糖就OK啦！可以做咕咾豆腐，我这里用的是大豆蛋白块，大豆蛋白是很好的植物纤维，处理大豆蛋白要用热水泡透，多用清水洗去豆味。做这道菜还需要将蛋白块加生抽、白胡椒粉，抓粉过油，这样烧出来的咕咾肉真是素食一绝！

煎豆腐时蔬卷饼

晚

只要你会烙面饼，就不要错过这道美食。简单的烙饼，配上煎豆腐或者炒白干，加上青椒丝黄瓜丝，也可以加一点点香菜调味，最重要的是这里的酱料可是用蔬菜做的哦。把胡萝卜、西葫芦刹碎，加盐、白胡椒粉炒熟，淋在饼上，开吃！

糙米 BROWN RICE

午	早
晚	

第七日

鲜味煎饺

坐着不如倒着,好吃不如饺子!饺子也是我们家经常吃的一道主食。说起饺子的馅料可谓五花八门,萝卜三鲜、茄子豆角、莲藕香菇、酸菜豆腐、南瓜笋丁等等,可我最爱的还是白菜香菇馅儿的。白菜、生姜加上炒香的香菇,放一点点生抽,这样的馅料简单自然,每每客人吃过这馅儿的饺子,总是赞不绝口、难以忘怀。

东北酸菜炖豆腐

豆腐是调汤的好食材,把酸菜切成细丝,用油炒香加水煮沸,加上几片豆腐和一缕粉丝,可谓锦上添花。一滴香油,几片香菜叶点缀,这道地道的东北靓汤之鲜美,是山珍海味无法替代的。这一碗热气腾腾、香气扑鼻的酸菜豆腐汤,是东北人家严寒日子里实实在在的人间至味,歌谣般温暖、呵护着人们的肠胃。所以在冬天,一家人围坐一桌吃着热气腾腾的酸菜锅热闹极了。

浓香乌冬面

晚

乌冬面是带着儿时记忆的一道美味,来自日本。小时候第一次吃是去当地一家台湾素食店,从此就爱上了,软软滑滑的口感,尤其配上鲜美高汤,一根一根吸进嘴里,真是幸福极了!我自己做时喜爱用番茄入汤,加上些许黄豆芽、豆腐、海带芽,起锅时加入喜欢的青菜,乌冬面的汤底就做好了。吃的时候再拌入自制野生花椒油和辣椒酱,辣椒酱里的花生和芝麻恰到好处,偶尔嚼到一粒花生,满嘴留香,使乌冬面不仅汤鲜,且更加提味!

尝一口未来

传统难挡颠覆，让料理最对你的味儿！
三位美食达人的秘方大公开，传统料理还能这么做

编辑 / 张小马

认为传统料理做不出新意的人，往往都是"脑洞"不够大！用更新鲜诱人的蔬菜，替换传统料理中的肉、蛋、奶，才能让美食更具颠覆性！谁说素食者总有吃不到传统肉食料理的心头恨？跟这三位"歪果仁"学起来！

糙米 BROWN RICE

Karlos

Karlos Artagnan 出生在西班牙巴塞罗那，地理学专业毕业后来到北京学习中文，从而爱上了中国文化，这也让他对素食产生了兴趣。2012 年开始纯素生活，并热衷于各种纯素美食的制作，也喜欢研究将传统的西班牙美食用蔬菜做出新的诠释。

西班牙找不着海鲜饭也可以很鲜！

文 & 食物制作 /Karlos
译 / 张小马
图 / 王凡

提到美食，再提到西班牙，十有八九的人都会告诉我说："西班牙海鲜饭呀！"不得不承认，西班牙海鲜饭在很多吃货心中的地位的确是不可撼动的。

早在公元 1 世纪，当欧洲人开始从亚洲引进谷物的时候，大米就成了西班牙一种非常重要的食物。而西班牙海鲜饭的起源，就要追溯到公元 15 世纪西班牙东海岸的瓦伦西亚地区了。当时，人们为了能方便快速地制作食物，便用大米混合多种不同的蔬菜，与当地盛产的海鲜放在平底锅里一起煮了。于是，让很多人魂牵梦绕的西班牙海鲜饭从此诞生。

尝一口未来

但是你一定想不到这里存在着些许误解,因为西班牙海鲜饭里压根儿也没有提到必须要有海鲜,它真正的名字其实是"Paella",就是"平底锅"的意思。在西班牙的家常饭中,人们主要是用一些新鲜的蔬菜,混合藏红花和橄榄油,偶尔才会加一点儿肉或海鲜。所以比起叫它"海鲜饭",我更愿意称它是"烩饭"。

还记得小时候,我总是喜欢把一些长相奇怪的食材挑出去,只吃里面的米饭,直到长大后才开始渐渐喜欢上各式的烩饭。而真正让我爱上烩饭,是当我开始保持植物性饮食后。因为如今大家对于美味的认知都停留在"肉味儿"上,而我喜欢去烹饪同样让人欲罢不能的纯素美食,让大家爱上"西班牙烩饭"而非"西班牙海鲜饭",也是一种小小的挑战。

那么"西班牙烩饭"要怎么做才能很迷人呢?

海带是可以代替海鲜的一种食材,用它来做高汤打底是其中的一个小秘诀;而最主要的法则是一定要用小火焖煮,直到大米吸收了所有的高汤!这道烩饭里还包含了很多不同的蔬菜,不同的蔬菜成就了丰富的口味,而这就是"西班牙找不着海鲜饭"的魔力所在!

RECIPE
西班牙烩饭

a

纯素高汤 a STEP 1

食材	做法
● 干香菇 ● 口蘑 ● 昆布 ● 纯净水	【1】用湿布将昆布表面的杂质擦净,用温水将昆布、干香菇分别放在碗里浸泡一夜。 【2】把泡香菇和昆布的水用纱布过滤后,在煮锅中大火煮沸。 【3】把口蘑洗净切成小块后倒入煮沸的水中,再加入香菇和昆布小火同煮1小时。 【4】将煮好的高汤自然冷却后再用纱布过滤一遍,备用。

糙米 BROWN RICE

b

c

d

e

RECIPE
西班牙烩饭

西班牙烩饭	STEP 2
食材	做法
• 大米 • 纯素高汤 • 彩椒（红黄） • 青豆（豌豆） • 荷兰豆 • 口蘑 • 洋葱 • 蒜 • 藏红花 • 柠檬 • 黑橄榄 • 橄榄油 • 盐	【1】 b 将洋葱切碎，大蒜切末，彩椒切成1.5厘米的正方小块，口蘑十字刀切开备用。 【2】 c 平底锅中倒入橄榄油，倒入洋葱碎后中小火炒香，再倒入大蒜末一起炒。 【3】 d 加入豆角、青豆、口蘑炒至5分熟，再加入彩椒、大米、藏红花翻炒。 【4】 e 加入素高汤没过食材，加盐调味，收干汤汁后，点缀上黑橄榄，再加柠檬汁调味即可。

尝一口未来

墨西哥最传统的美食 Tacos

文 & 食物制作 /Daniela Nolazco
译 / 张小马
图 / 徐小菲

糙米 BROWN RICE

Daniela Nolazco

Daniela Nolazco 来自墨西哥，在中国生活已经近 6 年了。6 年前在墨西哥的时候，因为一次健康问题，让她开始了素食生活，并有意尝试更健康的饮食方式。但这种饮食方式却令她不能再次吃到家乡的传统美食。抱着这个小遗憾，她有了一个"Mucho Taco"的想法，用各种蔬菜来重新创造出传统味道，并开始将她的美食之道教授给更多的人。

最能代表墨西哥传统风味的食物当然非 Tacos 莫属。但在我们分享这道健康又美味的食谱之前，玉米可是其中不能跳过的重点。

墨西哥人开始种植玉米至少是在 7000 年以前，它开始于一片被称为是类蜀黍的野生草丛中。类蜀黍看起来和今天的玉米非常不同，它的谷粒更小，排列得也很松散。如果不是人为培育耕种，我们今天所知的玉米是不会存在的，这么看来，玉米可算是人类的伟大发明啊！

后来，玉米的种植从墨西哥北方传播到了美国的西南部，后又传播到了秘鲁的南海岸。大约在 1000 年前，当印第安人从北部迁徙到北美东部的林地时，他们带去了玉米。当哥伦布发现"新大陆"时，他也同样发现了玉米，而当时在欧洲的人们还对玉米一无所知。

在玉米被广泛食用后，玉米饼开始出现在墨西哥菜系中，它还有了很多不同的名字。阿兹特克人和一些纳瓦特人称玉米饼为"Tlaxcalli"，这也成为了玉米饼的原型。

在墨西哥和美洲中部地区，玉米饼是用上好的玉米制成且没有经过发酵的薄饼。玉米因培育的不同，谷粒会自然形成不同的颜色，从苍白色到黄色，从红色到蓝紫色，因此玉米饼也有了三种颜色——白色、黄色、蓝色（或者黑色）。其中，白色和黄色的玉米饼是最常见的。

Tacos 就是用玉米饼卷上馅料制成的一道很传统的墨西哥菜。在我有记忆开始，它就一直伴随着我的生活，不管是早餐、午餐还是晚餐，都可以有它的身影。在我开始素食生活几年后，我尝试把这些传统美食做成纯素的，在健康的同时也不失传统墨西哥美食丰富的口味。

准备好这些随处可买到的食材，小辣椒、牛油果、香菜、番茄、洋葱……我们开始动手制作Tacos吧！

RECIPE

墨西哥玉米卷饼 Tacos

牛油果酱 Guacamole　　　(b)　　　　　　　　　　　　　　　STEP 1

食材	做法

- 1 个成熟的牛油果
- 1/4 杯切碎的白洋葱
- 1/2 个切成小圆圈的塞拉诺辣椒，去籽
- 1/2 个柠檬榨汁
- 适量的香菜碎末
- 适量的海盐
- 适量的黑胡椒粉

【1】把牛油果对半切开并去核，挖出果肉装到碗里，用叉子碾碎。
【2】加入洋葱末和柠檬汁，稍微搅拌后静置 2 分钟。
【3】最后加入香菜末、黑胡椒、海盐和塞拉诺辣椒并搅拌均匀。

莎莎酱 Salsa　　　(c)　　　　　　　　　　　　　　　STEP 2

食材	做法

- 1 个切碎的番茄
- 1/4 杯香菜末
- 1/4 个切碎的白洋葱
- 1 根不去籽的塞拉诺辣椒，切碎
- 1/2 个柠檬榨汁
- 适量的黑胡椒粉
- 1/2 茶匙海盐

把所有的食材混合在碗中，根据自己的口味适量加入辣椒、柠檬汁、盐和胡椒粉。

糙米 BROWN RICE

| a | b | c | d | e | f |

法西塔 Fajita　　　　　　　　　(d,e)　　　　　　　　　STEP 3

食材

做法

- 1 个黄色彩椒
- 1 个红色彩椒
- 1 个绿色彩椒
- 1/2 个白洋葱
- 2～4 朵香菇
- 2 瓣大蒜，切成末
- 适量的 paprika 辣椒粉
- 适量的海盐
- 适量的黑胡椒粉
- 适量的橄榄油

【1】将所有的彩椒、白洋葱、香菇都切成细长条。
【2】中火，锅中倒入橄榄油，加入蒜末、洋葱和切好的彩椒翻炒。
【3】加入切好的香菇翻炒，并加入海盐、黑胡椒粉、辣椒粉调。

墨西哥玉米卷饼 Tacos　　　　　(f)　　　　　　　　　STEP 4

准备适量的玉米卷饼，把牛油果酱、莎莎酱、法西塔卷入其中，简单又美味！

RECIPE
墨西哥玉米卷饼 Tacos

最纯正的意大利马苏里拉芝士披萨

文 / 毛豆
译 / 孙梦颖
图 / 吴迪 Alina
食物制作 / 汤玉娇

Mauro Anzideo,出生于意大利米兰,19 岁的时候便开始走进餐饮行业,4 年后他从米兰到撒丁岛,从托斯卡纳到皮亚琴察,跟着老师学习,并打下了意大利传统美食烹饪的基本功。2009 年他来到上海一家餐厅工作,第二年,毛豆意识到了素食的重要性,于是离开餐厅,开始做起私人素食厨师。大约 1 年后,他用一辆三轮车装上了全部家当,一路骑行到云南大理,在沙溪古镇认识了妻子安心,随后他们开了一家可持续的纯素食餐厅——大嘴佛,2017 年大嘴佛正式更名为"归究"。

当我刚开始在上海做厨师的时候，老板问我："你可以做披萨，对吧？"我说："当然不，我得尊重意大利那些真正的披萨大师！"

我的老板和我一样都是意大利人，所以他一下就理解了我的顾虑——披萨是既珍贵又神奇的食物，背后还有着丰富的历史。它算得上是人类有史以来创造出的最美妙的食物之一，却也可能在世界各地因为制作不当而成为黑暗料理。

于是在经过几年的各种学习后，我才开始真正做披萨。那可是出乎意料的棒，但别误会，我还算不上是"披萨大师"。

在意大利有种说法：披萨食谱不归披萨店所有，而归披萨师所有。在正宗的披萨店，细心的顾客只要尝一块儿披萨，就可以分辨出不同披萨师制作的披萨饼底。因此，披萨之所以能成为一种艺术，主要就在于每一位披萨师都有各自独一无二的口味。

和所有食物一样，披萨的原料是最重要的部分。而要做出一张好吃并且专业的披萨，有很多细节都需要考虑，比如湿度、温度、面粉强度等，只有这样，才能掌控好制作披萨最精细的那部分。

发酵和烘烤的学问虽看似简单，却像爵士乐、艺术和灵修那样，是那些有经验的专业披萨师一辈子都学不完的功课。于是，披萨风格成了一种哲学选择。在意大利，我们主要有两种披萨风味——那不勒斯风味和罗马风味。如果你有柴火灶，那么用8到12小时发酵面团就能做出那不勒斯风味的披萨，这种披萨更小、更厚，更像面包的质感，因为是用350～600℃烤1分钟烤出来的；如果你用的是电烤箱，那就做罗马风味，这种披萨一般更大、更脆，因为要用300℃左右烤。

听起来是不是太复杂了？事实上，做披萨的学问说也说不完，我们还是就此打住吧！不过让我告诉你一个小秘密，就算是顶级披萨大师也会在家自制披萨。所以自制好吃的披萨不是不可以！

那要如何自制一张美味的纯素披萨呢？
有几个关键步骤是你一定要知道的。

KEY POINT 1　　酸面团酵母的制作

酵母的运用会使最后的成品呈现很大的差别，所以就算是最基本的天然酸面团酵母也需要向大家好好介绍。

你可以选择诸如苹果、番茄、梨、香蕉、芒果这类酸酸甜甜的水果，将它们切片，加上几勺红糖，再盖上一块麻布让空气流通。就这样在密封罐里放上一周，它就会慢慢发酵了。而当发酵过程真正开始，就意味着面团有了生命，接下来要做的就是要用面粉不断地去"喂"它。

定期拿出一部分面团，加水加面粉使其发酵胀起，然后放进冰箱"睡觉"。一部分面团可以用来做面包，另一部分面团用来养活酵母。无论是液态（1份水：1份面粉），还是固态（1份水：2份面粉），水和面粉的平衡都可以使酵母保持活性。

活酵母能比人类活得更久，可以活300年到500年甚至更久。酵母越老，它的记忆也就越久远，香味也就越强烈，做出来的披萨也就更充满魔力。

而需要注意的是，最好的酵母是要每天都喂的，至少也要一周喂一次，如果10～15天不喂，酵母就死了。

在使用酸面团酵母的时候，如果酵母越强，用量就要越少，这样才能防止披萨变酸。但如果酵母用量不够，并且发酵时间太久，披萨也会有变酸的风险。

尝一口未来

KEY POINT 2　　披萨饼底面团的制作

一般来说，和做面包一样，披萨饼底面团要尽可能的软，在最好的情况下，披萨大师可以使液体和面粉达到百分之百的平衡（即数量相同）。这样的话，如果面团柔软，且发酵发得好也干燥，做出来的披萨就会更香，消化起来也更轻松。

随着天气越来越热，发酵时间也得加紧，与之相对，天气冷的时候发酵时间更长。如果把面团放在冰箱里发酵，这个过程就会变慢，但不会停止，冰箱里的12小时大概就相当于室温里的1小时。

当面团膨胀起来，如果你没有及时给它固定形状的话面团就会散掉。而如果你提前开始给它定型，面团又会变重。所以时间的把控非常重要。一般来说，当面团胀到它原来体积的两三倍大时，并且重量变轻时，就说明它准备好了。

发酵一般会花上1～2小时，具体需要视面粉的质量而定。但如果你和面时压得太厉害，面团的效果也会有变化，所以处理时尽量下手轻一点。

简单来说，不要觉得做面团很好玩，在一开始处理原料时要尊重它们的天性，当面团胀起时，让它休息，再固定形状，再发酵一会儿休息一会儿，最后烘烤。

RECIPE
意大利马苏里拉芝士披萨

a	b	c
d	e	f
g	h	

糙米 BROWN RICE

STEP 1　纯素马苏里拉芝士　　　　　　　　　　　　　　　　　　　　　　　　　(a,b,c)

食材

- 豆奶 80g
- Couscous 90g
- 水 1升
- 葵花籽油 30g
- 土豆淀粉 30g
- 琼脂粉 1/2 茶匙
- 盐 适量
- 柠檬 1/2 个

做法

【1】在料理机内倒入 Couscous 米和 1 升水，启动机器，搅拌均匀来制作"奶油"。
【2】将豆奶冷却至冰箱温度，取出，加葵花籽油混合搅拌，倒入锅里。
【3】加入 100 克水，土豆淀粉，琼脂，充分混合搅拌后放到火上蒸煮，并不断用木勺搅拌。
【4】当加热完成后，再加入步骤 1 里制作的"奶油"煮 1 分钟，直至质地改变，更加接近固体。
【5】关火，加盐，加半个柠檬的汁，使其冷却几分钟，就可以直接在披萨上使用温热的马苏里拉芝士了。

TIPS：

这个用量对于一份披萨来说是足够的，纯素的马苏里拉芝士可以在冰箱里放 3～4 天，会变成固体状，需要做披萨或者其他食物时可以直接用手掰开。

STEP 2　自制番茄酱　　　　　　　　　　　　　　　　　　　　　　　　　　　　(d,e,f)

食材

- 樱桃番茄
- 大蒜
- 橄榄油
- 盐
- 水

做法

【1】平底锅里倒入橄榄油，油热后用小火将大蒜炒至棕色后夹出。
【2】锅里倒入樱桃番茄，大火翻炒番茄至变软。
【3】加盐，再加入没过樱桃番茄的水，待水沸腾时换成小火。
【4】用铲子压一下番茄，让汁水被压出，再小火煮 20～30 分钟。
【5】煮好后用搅拌器搅拌，再用漏勺过滤掉番茄皮，爽滑的酱汁就制作完成了。

TIPS：

- 小分量的话我建议用樱桃番茄和一点点大蒜，大分量的话可以用普通番茄加一点洋葱。
- 使其冷却，这个酱汁在冰箱里可以存放 5～6 天，随用随取。

STEP 3　酸酵母面团　　　　　　　　　　　　　　　　　　　　　　　　　　　　(g,h)

食材

- 酵母 60g
- 水 60g
- 面粉 60g

做法

【1】在碗中放入酵母，与水混合，再加入面粉，制成液体面团。
【2】放进密封罐里，在室温环境下静置数小时直到体积加倍，然后放入冰箱里。

TIPS：

这个过程是为了使酸面团酵母保持活性和强度。

STEP 4　披萨饼底

(i,j,k)

食材

- 面粉 400g
- 酸面团酵母 45g
- 水 300g
- 盐 12g
- 初榨橄榄油 12g

做法

【1】取制作好的酸面团酵母放入大碗里与水混合，充分搅拌至泡泡状。

【2】加入初榨橄榄油、盐、面粉和成面团，使其表面保持光滑。

【3】将碗口用三层保鲜膜封住，让它在远离通风或温度变化的地方静置发酵至呈现完美球状。

【4】取出发酵好的面团，在操作台上撒些面粉，轻柔地将其定型。

【5】在烤盘里抹上一层橄榄油，将揉好的面团平铺在烤盘里再室温发酵 1 小时。

【6】发酵好后滴上一滴初榨橄榄油在烤箱中 220℃烤 10～12 分钟。

TIPS：
此用量大概需要一个 28cm×28cm 的烤盘。

STEP 5　披萨组合

食材

- 披萨饼底 1 张
- 纯素马苏里拉芝士 适量
- 自制番茄酱 适量
- 牛至叶碎 适量
- 橄榄油 1 滴

做法

(l,m)

在饼底表面涂上一层自制番茄酱，再涂上纯素马苏里拉芝士，加一点点牛至叶碎和 1 滴橄榄油，烤箱预热 200℃，烤 35 分钟，一份最纯正的意大利马苏里拉芝士披萨就完成了。

糙米 BROWN RICE

掰开这块司康，
满足你对下午茶的全部幻想

编辑 / 张小马
文 /Jamie Pea 蔡佳颖、蓝梦婷

提到下午茶，你是否和大多数人一样，都会迷恋奢华酒店大堂里铺着洁白桌布的餐桌，优雅的茶壶和配套的银具，香槟酒杯，三层的点心架堆满了新鲜漂亮的小糕点，伴随着酒店里悠扬的古典音乐，吃下一块新鲜出炉的司康？

这个梦幻般的典型英式下午茶场景来源于我第一次喝下午茶的经历。当时我还是一个在香港生活的小女孩，父母曾带着我和妹妹去九龙的半岛酒店，身着白色制服的门卫打开大门，我便进入了这片优雅的幻想世界。

然而意想不到的是，19岁时，我竟有机会到半岛酒店当暑期学徒，并每天都负责为酒店的下午茶制作900块司康。

尝一口未来

下午茶其实是晚餐

后来到英国念大学,我才知道,原来英式下午茶并没有那么正式,对于什么是正宗的英式下午茶,人们常常有一些误解。

喝茶这个习俗是在17世纪末的英国,当查理二世(King Charles II)娶了葡萄牙的凯瑟琳公主(Catherine of Braganza)后流行起来的。新女王从作为中西主要贸易港口的葡萄牙带来了进口的中国茶叶,茶作为新女王最喜欢的热饮,可以很好应对英国寒冷和潮湿的天气。宫廷中的人们对这种新饮料产生了兴趣,饮茶成为了上流社会和贵族阶层的时髦社交活动。

直到19世纪末,茶才成为英国人日常负担得起的饮品。在工业革命的时代,工人回到家里会很疲惫,因为他们常常工作得很辛苦而无法吃午饭。餐桌上摆着一顿非正式的晚餐,有肉、面包、黄油、泡菜、芝士和一壶热茶。因为摆放在高高的晚餐餐桌上,所以这被称为"High Tea"。

所以现在你知道了:大多数人认为"高茶"、"High Tea"是高端的茶道,但其实它在当时只是一顿简单的晚餐!而"高茶"代指晚餐这样的说法现在还在英国北部和中部地区的工薪阶层中使用呢。

不要翘起小拇指

下午茶礼仪让英式下午茶充满特殊的魅力。在不同的社交场合如何举止得体,下午茶也有自己的规则。

最优雅的用餐礼仪是需要用刀叉的,但吃三明治可直接用手拿取。英式司康应配上浓缩奶油和果酱。想优雅地品尝英式司康,首先要用手从司康中间一掰两半,然后用公用匙往托盘里舀上一勺果酱和一勺奶油。掰下一口大小的司康,用你的个人茶点刀在上面涂抹一些果酱和奶油。吃这口司康时,茶点刀要放在盘子边缘。

说到饮茶,茶杯和茶托是密不可分的,别把它们分开,茶勺不能放置在茶杯里,而要放在茶托上。自古罗马以来,有教养的人都用前三个手指吃东西,而不是用五个手指,注意不要翘起小拇指。

在当今的英国社会,茶,尤其是下午茶,仍然是凝聚家庭和朋友情感的一项重要的传统习俗。一杯茶和一块司康能化解任何矛盾。

糙米 BROWN RICE

司康是现代下午茶标配

"Cream Tea"（奶油茶）是一种现代英国流行的下午茶形式。这种下午茶通常有：一壶茶，配新鲜出炉的司康，草莓果酱和新鲜的"Clotted Cream"（凝结奶油）。这个习惯来自英国西部的康沃尔和德文郡，这些地区因铺着奶油果酱的司康而出名。

司康不是一个真正的蛋糕，不是面包，不是饼干，也不是一块松饼。它是一个独立的糕点类，这使得它如此独特。

我第一次喝"Cream Tea"是在牛津大学去拜访我的闺蜜，我们都没有很多钱，所以当她建议去镇中心一间有名的茶屋 The Rose 一起喝下午茶时，我认为这是个相当奢侈的建议。"不，这不像昂贵的酒店式下午茶。"她解释道，"我每周都去那里，随意地课间休息或者朋友见面都可以去。你必须试试他们的招牌司康，他们总是有新鲜出炉的司康，要趁热吃，简直太美味了！"

那是一个英国典型的寒冷的一天，但当我们进入茶馆时，我立即感到了温暖和舒适。一只胖胖的茶壶放在我们之间，等了一会儿，热司康来了——它几乎和我的手掌一样大，表面有点粗糙，并不是很漂亮，我轻轻地把它分成两块，看到它还冒着热气，吃起来外脆内软。

司康在寒冷和多云的英国，像毯子和阳光一样，是最好最温暖的享受。现在的我，总是渴望跟朋友聊天喝茶、吃香香甜甜的司康。

食物新趋势——纯素下午茶

十年前英国的素食者还只有 15 万人，而现在已超过了 54 万人，增长率高达 260%。《Veganlife》杂志甚至将其称为"增长最快的生活方式运动"。

我曾经在英国的一家米其林餐厅工作，有一天，我看到餐厅玻璃窗口内摆放的精致甜品，顾客每次用餐都要花费约 1600 元左右人民币，突然觉得自己做的事情好没意义。因为高昂的就餐费用换来的不过是一些对身体无益但做工精良的食物罢了。

尝一口未来

后来到了北京,我开始尝试用一些更加健康的食材代替传统的食材,加入更多的水果和蔬菜,创造结合中国和西方特色的素食菜谱。通过不同素食食材的混合搭配,能产生非常多样的口味和质感!当喜欢上全素后,发觉原来吃肉才是很无聊,来来去去无非是鸡鸭牛羊猪,而蔬菜和水果有这么多的选择!

所以,用我对于糕点和蛋糕多年的经验,将我曾经在半岛酒店和伦敦做过的经典烤司康进行改良,做出了一款纯素版司康。经典的司康是以面粉为主要材料,而且像一般面食一样是以烤箱烘烤,需要加入白砂糖、黄油和牛奶。而改良的健康纯素配方将用更营养的黑麦面粉(或者全麦面粉)代替白面粉,天然椰糖代替白砂糖,椰浆代替牛奶。热量和卡路里更低,植物性的配方也有益于健康,这样的司康不用担心发胖,而且纯素天然的食材对皮肤也好!

另外,我还要分享一道美味的纯素食胡萝卜蛋糕食谱,因为 Carrot Cake 是在英国最流行的蛋糕口味之一。经过多次测试的胡萝卜蛋糕,终于找到了一个完美的配方!

希望这两道食谱可以成为你享受下午茶仪式的一部分。

RECIPE
蓝莓下午茶司康
6~8 块司康

食材

280g	15g	30g
有机黑小麦面粉	烘焙泡打粉	蓝莓干
[或用全麦面粉]		[或其他小粒果干]

20g	1/8 tsp	260g
棕榈树糖	细海盐	纯椰浆
[或椰糖]		

糙米 BROWN RICE

烹饪方法

【1】烤箱预热 200℃。将黑小麦粉和泡打粉混合过筛，在大碗里加入蓝莓干。（a）
【2】用一个四面刨丝器把棕榈树糖刨碎，在另外一个碗里加入海盐和椰浆，搅拌混合。（b）
【3】椰浆倒入面粉里，用叉子略混合成一个面团，注意不要过度揉面。
【4】砧板上撒少许面粉防粘，转移出面团。在面团上再撒少许面粉，然后用手指轻轻地把面团压成平坦的 2cm 的厚度。（c,d）
【5】准备一个烤盘，铺一张不粘烘焙纸。把直径 6~8cm 的圆形烘焙切模或慕斯圈的模口处涂上适量面粉防粘，在面团上压出圆形小饼，摆入烤盘。剩下的面团可以再轻轻地收集，再次用手压成 2cm 厚度的面团，继续切司康饼。（e,f）
【6】放入烤箱中层，烤 12~15 分钟，表面上色即可。（g）
【7】冷却后，可以用手掰开，搭配喜欢的果酱、鲜果，或全素椰子酸奶——用它代替浓缩稀奶油棒棒的。

RECIPE
胡萝卜蛋糕
6个大麦芬或 10 个小杯子蛋糕

食材

2	**250g**	**1tsp**	**1/4 tsp**	**1/2 tsp**
胡萝卜 [大]	有机黑小麦面粉 [或全麦面粉]	烘焙泡打粉	肉桂粉 [选]	生姜粉 [选]
70g	**260g**	**1/2 tsp**	**160g**	**100g**
棕榈树糖 [或椰糖]	纯椰浆	细海盐	椰浆	椰子油 [液体]

烹饪方法

【1】如果家里有果蔬榨汁机,把胡萝卜去皮,然后继续用去皮刀刨胡萝卜薄片,保留做成蛋糕上的装饰。胡萝卜继续切块,榨汁,把胡萝卜肉渣放在碗里(榨过的胡萝卜肉比较干,用它做蛋糕的效果更好,口感更蓬松)。如果没有榨汁机,可以用四面刨丝器把胡萝卜刨成粗丝。

【2】烤箱预热180℃。黑小麦粉,泡打粉,和可选的肉桂粉和生姜粉混合过筛。

【3】用四面刨丝器把棕榈树糖刨碎,在另一个碗里加入亚麻子面、细海盐和椰浆。用打蛋器快速打3分钟,让亚麻籽面变稠。

【4】把椰子油慢慢倒入亚麻籽面椰浆中,边倒边快速搅拌。

【5】面粉加入液体中,搅拌均匀(没有粉就可以了)。加入胡萝卜肉渣(如果用的是手刨的胡萝卜,先用力挤一挤把多数的水挤掉),搅拌均匀混合。

【6】用勺子或雪糕勺子把蛋糕液盛入小杯子蛋糕模具里。

【7】放入烤箱中层,烤25分钟左右;可以用竹签子扎一下,没粘到蛋糕液就说明烤熟了。

配1 杏仁"奶油结霜"

- 生杏仁条(或者生杏仁片)100g
- 椰子油(液体)2～3 tbsp
- 棕榈树糖(刨碎)

【1】把杏仁制作成花生酱的形式。用小料理机把杏仁磨成泥,这可能会需要3～4分钟的时间,边磨边停机器并用小勺子搅一搅里面的杏仁酱。

【2】加入椰子油,自己调整稠度。加入棕榈树糖,按照自己的口味调整甜度。

【3】把杏仁酱抹在放凉的胡萝卜蛋糕上。

糙米 BROWN RICE

② 配 　**胡萝卜带子**

- 之前做蛋糕时保留的胡萝卜带子
- 棕榈树糖/椰糖 50g
- 饮用水 50g
- 桂花
- 胡萝卜条

【1】
棕榈树糖和水在小汤锅中混合，盖上盖，加热。

【2】
糖融化了以后（可以边加热边用勺子压一压棕榈树糖块，搅拌），将胡萝卜带子加入，马上关火。搅拌一下然后把胡萝卜和糖浆都倒进一个小碗里，放凉了以后可以在胡萝卜蛋糕表面装饰。

【3】
胡萝卜蛋糕上也可以撒一点桂花。

作者介绍

○ 微信公众号和微博：JamiePea

Jamie Pea 是一位从伦敦辞掉了自己在米其林餐厅 Bo London 的甜品师工作而回到北京的姑娘。回京后她急速转型，作为 Joyseed 健康早餐订购的美食主厨，也成为了一位高质量内容的美食博主。从甜点到现代活力、植物性美食，从伦敦米其林餐厅到北京的菜市场，Jamie 深爱着北京，也从来没有觉得自己在其他城市还能寻找到更多的活力和色彩。

尝一口未来

带舌头一起旅行

台北 | 香港 | 纽约 | 柏林 | 布宜诺斯艾利斯

D E L I C I O U S

五位达人五座城市的
素食餐厅推荐
1 2 3 4 5

编辑 / 张小马

糙米 BROWN RICE

台北

文/Vegan Kitty Cat

Facebook：@vegankittycat
Instagram：@vegan_kitty_cat
Website：vegankittycat.com

Vegan Kitty Cat(Hailey Chang)是一名素食十年的动物权益家、口译员、引导师及博客作者，曾任全球最大动物权益组织华语区负责人五年，现任创新领袖学校 Knowmads Hanoi 引导师，帮助人们发现自我、创造更美好的世界。

全台湾地区大概有13%的人口是素食者，这不仅是因为传统宗教的影响，也因为近年来民众越来越理解到素食对环保、健康以及动物的益处。而全台湾地区吃素最容易也最多元的地方，就是台北。这里曾被CNN评选为『全球前十大素食者最理想的旅游胜地』，更是获选了PETA Asia（亚洲善待动物组织）评选的『亚洲素食城市第一名』。

台北是我出生的地方，我的家。长年旅居海外，每年回台北一次，都为这里的素食文化感到惊艳：如雨后春笋般冒出的素食餐厅、素食店、与素食相关的活动、普通商店就可以找到清楚标示『纯素』字样的商品，以及越来越多想要创造更美好世界的人齐聚一堂，一点一滴慢慢改变了这座城市的样貌。

063

1. 动物志 About Animals

近年来台湾地区越来越多新潮、时髦的素食店，让大家从对素食的刻板宗教印象中跳脱出来。素食有千百种理由，而动物志的老板们——两位纯素食、看起来酷酷的女孩——是出于对动物的爱而开创了这家餐厅。平时不但提供美食，也时常举办动物权益交流会。每周二所有营收的10%都会捐赠给台湾地区防止虐待动物协会。韩式泡菜卡兹豆腐盖饭，芝麻豆腐堡，外皮酥内馅软、外层酥脆的炸百页豆腐，纯素奶茶都是我的最爱。

电话：+886-2935-3633
地址：台北市文山区景隆街一巷九号（捷运万隆站2号出口）
网站：www.facebook.com/aboutanimalszr

3. 绿带植物烘焙 Green Bakery

想要吃纯素的杯子蛋糕，来绿带就对了！我最喜欢的是紫薯桑椹（里面还有桑椹酱），花生巧克力也很美味。饼干的话，可以试试小巧又甜而不腻的雪球。如果想要吃咸的，有咸派和田园菇菇可选。整家烘焙坊的装潢充满设计感，气氛舒适，是我梦想中的那种小店。

电话：+886-2-2747-7668
地址：台北市松山区延寿街171号（捷运南京三民站二号出口）
网站：www.facebook.com/greenvbakery

2. 元禾食堂 Flourish

元禾食堂不仅食物美味，同时还兼具令人感到简单舒服的气氛，以及亲切的服务。这里的食材尽量采取有机，无论是白芝麻菠菜葛根豆腐、柠檬鹰嘴豆泥佐芋头脆片、越南天贝夏卷、上海炖白菜豆腐丸或麻婆花椒豆腐，我个人都非常喜欢。豆腐的绵密、鹰嘴豆泥的香气和天贝的口味令我印象最为深刻。

电话：+886-2-2771-6115
地址：台北市大安区敦化南路一段233巷32号
网站：www.facebook.com/Flourishvegan

【a】店铺外观
【b】白芝麻葛根豆腐
【c】有机糙米花寿
【d】旬的野菜汇

4. 穗科乌冬面 Hoshina Udon

透明的橱窗让人一目了然看见大厨优雅制面的过程——穗科这间日式乌龙面餐厅，走的是雅致路线，店内装潢创造了轻松的氛围。忠孝店已于不久前升级为纯素，但其他分店升级还未完成。大力推荐：辣汤乌冬面、泡菜／味噌手卷野菜饼、豆浆抹茶布丁。

电话：+886-2-2778-3737
地址：台北市忠孝东路四段 216 巷 27 弄 3 号（忠孝店，捷运忠孝敦化站 3 号出口）
网站：www.hoshina.com.tw

5. Nice Cream

想吃纯素冰淇淋，来 Nice Cream 就对了！这家冰淇淋店的老板 Mirko 是意大利人，不但将正宗的意大利冰淇淋带到台湾地区，还使用豆奶和椰奶制作，是更健康且环保的选择！由于老板在意大利自家是种植出口橄榄油的，因此也发明了独特的橄榄油口味冰淇淋，上头还淋着红酒醋！一开始听了觉得有点奇特，现在这已经成了我最爱的口味。至于更常见的巧克力、豆浆、椰子、草莓、黑芝麻、抹茶、花生等口味也都有。绵密的意式冰淇淋配上甜筒，无论冬夏都适合。

电话：+886-2-8771-7150
地址：台北市大安区忠孝东路 4 段 181 巷 40 弄 6 号（捷运忠孝敦化站 1 号出口）
网站：www.facebook.com/Nice-Cream-516901201854091

6. 自然食 Ooh Cha Cha

平日较喜爱生食的小伙伴们千万别错过——这里不但有藜麦沙拉、三明治、蔬食堡，还有各式各样的元气蔬果汁和纯素生食蛋糕！除了美食外，这间餐厅外表两面都是由落地窗组成，一边尽情用餐，阳光温暖地洒进来，适合三五好友聊天，或独自静静享受一本好书。大力推荐养生菇菇饭沙拉、高纤鸡豆饭、草莓华尔兹。

电话：+886-2-2367-7133
地址：台北市南昌路二段 207 号（捷运古亭站 2 号出口）
网站：www.oohchacha.com

7. 原粹蔬食作 Original

想吃日式料理，就到这里啦！无论是日式烤饭团、味噌天妇罗拉面或各式炸物，都可以吃到满满的用心，而且份量足够。本来是蛋奶素的原粹蔬食作，创始人夫妇因为出于对动物与和平的考量，已完全升级为纯素！

电话：+886-2-8914-7185
地址：新北市新店区宝安街58巷2号（捷运大坪林站3号出口）
网站：www.facebook.com/original201501

8. 灵魂餐厅 Soul R. Vegan Café

这间意式风格的轻食餐厅坐落在忠孝东路三段的僻静小巷内，料理主要是意大利和法式风格，有炖饭、意大利面、汉堡、三明治、浓汤、沙拉、果昔，还有松饼、蛋糕、布丁，和整整一页的饮品。其中我最爱的是 Soul R. 酱燥意大利面（所有皆可换成管面）、尼斯培根意大利面、提拉米苏、甜蜜浓情黑森林布朗尼、玫瑰豆奶茶和纯素野莓松饼。

电话：+886-2-2771-1365
地址：台北市大安区忠孝东路三段217巷1弄6号（捷运忠孝复兴站1号出口）
网站：cafe.soulrvegan.com

9. 植宿 Plants Eatery

标榜全食物、无麸质、无精制糖的 Plants Eatery 是现代都会男女的健康新选择。无论是酱烧天贝韩式拌饭、南瓜汉堡排、绿带活绿果昔、姜黄坚果奶、抗氧化美莓和莓果口味的裸食蛋糕都非常美味。其中我最推荐的就是酱烧天贝韩式拌饭了，整碗饭配料超多也超香的喔！

电话：+886-2-2784-5677
地址：台北市大安区复兴南路一段253巷10号1楼（捷运忠孝复兴站／大安站）
网站：www.plantseatery.com.tw

糙米 BROWN RICE

10. 纯素天堂 Vegan Heaven

对于想吃甜食，但却又不想伤害动物，同时不想摄取胆固醇、饱和脂肪的女孩男孩们，位于101大楼附近的"纯素天堂"真的是名副其实的天堂！这家小店起家于宜兰，台北店店面温馨明亮，每天的甜点种类都不太一样，还有不含奶蛋的凤梨酥、饼干、香蕉面包和豆奶咖啡。店里只有两三个座位，但附近就有小公园，或是在大晴天时买外卖到101大楼前顺便欣赏风景！

电话：+886-2-2758-2898
地址：台北市信义路四段395巷6弄6号1楼（光芒2号店，捷运101/市贸站1号出口）
网站：www.facebook.com/VeganHeaven

11. 灵感新生

这是一家新开幕不久的纯素小店，内售纯素食品和生活用品。转角处的"灵感咖啡"隶属于同一家公司麦点子，也是纯素食，可以找到好吃的司康和豆奶茶、豆奶咖啡等。推荐大家先到这里看看，再去灵感咖啡享受悠闲下午茶。

电话：+886-2-3365-1665
地址：台北市大安区新生南路三段76巷10-4号（捷运公馆站3号出口）
网站：www.facebook.com/MyDesy.VEG

12. Hip Pun 嬉皮面包

关于寻找纯素面包，我有个亲身的小故事。不管是亚洲还是美国，很多面包都含奶蛋，让我误以为其实一般面包差不多都不是纯素的。但当我搬到德国柏林的时候，有一天想买面包，再三跟店员确认无蛋无奶，店员用非常疑惑的表情看着我："面包本来就是无蛋无奶的呀！有蛋奶的那种叫做点心吧？"于是我才恍然大悟，原来面包含奶含蛋并不是一件很"正常"的事呀！

这次发现台北竟然有嬉皮面包这么时髦的纯素烘焙坊，特别开心。不管是番茄芝士披萨面包、肉桂卷、大蒜面包、起司蛋糕等，一整间店都是纯素无动物性成分的！店里有四个小座位，要是真的很饿也可以当场买了就吃。

电话：+886-2-2567-9969
地址：台北市中山区四平街7号（捷运松江南京站8号出口）
网站：www.facebook.com/HipPunBakery

尝一口未来

香港

文／图 Angie P. 小帕

Angie P. 小帕，新加坡籍香港人，《营男素女》作者、《Beyond 24》和《新起点》导演与编剧、Positiv Wellness 首席导师，曾被选为香港绿星级环保大使，致力于在香港地区与内地巡讲与开班推广健康纯素文化。

Facebook: Angie P. 小帕
Instagram: @veganangiep
Weibo: angiep 小帕
Website: www.veganangiep.com

香港地区人口 7 百万，素食者不算多，纯素的风气也是近年才开始流行起来，但一般人对纯素生活一知半解，甚至乎有些素食餐厅也没搞清楚什么才是纯素的定义。坊间有机构曾发表说香港地区的素食人口远低于意大利、台湾地区等地，声称是 2.4%，亦有报道说每四个人中有一个人是吃素的，但香港地区政府统计处并没有正式的素食统计数字，现时也没有一个有代表性的调查，所以香港地区有多少人吃素始终是一个谜。无论如何，素食餐厅和素食超市确实是有增无减，选择越来越多，方便了想开始素食生活的人，所以切切实实的纯素美食比素食人口这些数字游戏来得更加真实。

吃货和纯素食者在香港必去的八间 vegan 餐厅。每家有自己的故事、由来和特色，来香港旅行或出差随身携带此攻略就一定玩得开心，吃得健康。

糙米 BROWN RICE

01　02　03　04
05　06　07　08

01
Veggie SF

几年前从美国搬回香港地区时，我住在中环兰桂坊的一间酒店服务式公寓，一个不喝酒的人住在酒吧区有点儿不对路，但却偶然地发现了这家很有美国旧金山风格的西式素食餐厅。餐厅内布满了20世纪50年代彩色的古董摆设，从墙上的海报到桌上的电视机和风筒都令人惊喜。老板是吃蛋奶素的一对夫妇，主要是因为爱护动物而吃素。过了几年后，在2016年中开始，餐厅供应的所有食物改为纯素，也成为了我最喜爱的餐厅之一。虽然他们的网站上还是写着100% vegetarian，但他们其实已经是名副其实的100% vegan了。

餐厅主要提供西式素食，他们的汉堡包尤其有名，卖相非常吸引人，例如红菜头腰果蘑菇扁豆汉堡包和香脆素海柳包。另外，也有颜色丰富的沙拉、小食、意大利通心粉和饭。虽说这是一家旧金山主题餐厅，食物以西餐为主，但老板也考虑到旧金山的文化来自四方八面，所以也有越式捞米粉、星洲叻沙、寿司饭、印尼加多加多沙拉等各样美食。饮品也是包罗万象，泰式豆奶茶和鲜果昔是我的特别推荐，吃货必饮。

地址：中环士丹利街11号10楼
电话：+852 3902 3902

02 心斋

如果要在香港地区找一家作风新派、格调不俗的素食中餐厅，应该是心斋莫属了。前身是跑马地一间佛堂，后因善信与日俱增，后来于中环半山花园道另开一间可容纳更多客人的地方，所以虽说风格新派，餐厅设计和布置都带着浓厚的宗教色彩。餐厅提供有机蔬果的选择，无农药、化肥或激素。素菜不用五辛、不含蛋奶或味精，色香味俱全。

心斋的点心和素火锅比较有名，但火锅因顺应季节，所以要等到冬天时才可品尝。心斋所提供的精致素点心都是即点即蒸。我很钟爱餐厅的素心包、萝卜丝酥饼、红米罗汉斋肠粉、枣茸千层糕等点心。有一点遗憾是以前喜欢的叉烧菠萝餐包已被素心包代替，不过素心包的外皮继续带着香港地区有名的菠萝包的影子，内馅换了鸡肶菇、灵芝菇、白磨菇、粟米及贡菜。另外，咕咾肉的素食版，一般的素食餐厅采用猴头菇或素肉代替猪肉，心斋利用了干魔芋，配合新鲜菠萝和彩椒，令口感更加层次分明。

> 地址：半山花园道 51 号科达中心 3 楼
> 电话：+852 2525 0552

03 Loving Nature

香港铺租昂贵，所以有不少素食餐厅开设于工厂区或工厂大厦里以节省开支。有几位朋友推荐了 Loving Nature 这家纯素餐厅给我，但因地区的问题和餐厅只在星期一到星期六中午 12 点至下午 6 点营业的关系，一直没有机会拜访，直至后来去过后才发现果然不枉此行。餐厅设计清新舒服、地方宽敞，最开始开张时只卖咖啡和钟表，后来因顺应客人的要求加开 café 并提供纯素食物。

我对餐厅的巧克力面包一见钟情，面包长时间自然发酵，经过烘焙师两日时间的准备，没有添加剂，加上可可豆的香味，令人一试难忘。汉堡包也是全部用自家的面包制成，厨师巧妙地运用了黑豆、藜麦、番薯和西芹制作了特色的汉堡馅，面包轻轻烘烤过，松脆柔软集于一身。午餐中西合璧，例如有蔬菜拉面、南瓜汤、牛油果白汁香草螺丝粉、寿司糕等。下午茶可以试试餐厅的华夫饼，配以自家制的纯素炼奶和巧克力酱。晚上开设私房菜，价钱由菜色和种类而定，从港币 168 元起，必须预约。

> 地址：葵涌葵兴工业街 2-8 号力丰工业大厦 4 楼 A 室
> 电话：+852 3628 3782

04 宝田源纯素餐厅

位于荃湾的宝田源纯素餐厅提供多款中西纯素美食，用料全部经过精挑细选，以健康为大原则。开设纯素餐厅是老板 Helen 多年的梦想，因为吃纯素的关系，一直以来"揾食艰难"，出外吃饭时，经常为了找寻餐厅而烦恼，因此希望以纯素餐厅为平台，提供健康美味的餐饮，也可以宣传纯素对健康的好处。

素肉在主食方面曝光率多，所以相比之下甜品是比较吸引人的。烘焙师运用淮山、腰果、椰枣等健康食材，研制出多款不含蛋奶的蛋糕和不需烤制的甜点，让我不惜坐一个小时的车去光顾。宝田源菜式以西式为主，我非常推荐他们的糕点，例如红石榴素芝士糕，鲜果素糕，素挞和自制雪糕。餐厅布置简洁，座位不算多，但餐厅出品相当有水平。

> 地址：荃湾大河道 77-89 号宝成楼地下 9 号铺
> 电话：+852 2622 2817

05 瓮 Ohm

写素食书和专栏好几年，每次如果有新餐厅或值得推荐的地方，我身边的素食圈子和媒体朋友们都会私信提供资料。但一直没有听过 Ohm 这家餐厅，直到在一场活动上，一位吃素的女生说她会帮 Ohm 做一些纯素糕，之后还亲自送了一些味道很特别的松饼到我的新工作室，就是因为这个缘故决定去看看这个地方。一看到 Ohm 这个字，就联想到餐厅也许和冥想、瑜伽或宗教有关，但原来老板们是一群想支持公平贸易和本地农作物的年轻人。虽然听说团队的大部分人都不吃素，但毕竟餐厅重视环保，提倡持续生活模式，提供纯素轻食，值得大家去试试。

餐厅饮品种类比较多，咖啡和茶占大部分，价格偏高，一杯平均港币 40～50 元。特别之处在于 Ohm 提供有机豆奶、杏仁奶和腰果奶，比其他只提供豆奶的餐厅优胜。食物方面主要是一些糕点，热香饼、米粉和意大利面，例如有机黑豆意大利面配红曲豆腐余乳，带着中西合璧的风格，蔬菜来自本地的社区农场马宝宝，位于新界粉岭的马屎埔村。虽然马宝宝农场说不会申领所谓"有机认证"，但能支持永续农业，也未尝不是一个好选择。

> 地址：上环荷李活道 192 号地下 A 铺
> 电话：+852 6352 0553

尝一口未来

06 慈心素食

自助餐是香港人饮食文化不可缺少的一环,虽然香港有几家素食餐厅提供这样的选择,但要找一家纯素食的自助餐就一点都不容易了——慈心素食应该是独市生意了。老板娘是一位吃纯素的虔诚佛教徒,七年前已经在北角皇都戏院开业推广纯素食,后来财团收购重建该地段,在 2015 年搬去现址的天后楼上铺。价格大众化,大概午餐港币 60 元,晚餐 88 元,老板娘说因经济不好,有机会将价钱调低。这句话令我深深感受到她曾经说过餐厅的上上下下都和当义工一样的那番话,推广素食是大前提,如能赚钱是额外的惊喜。

小本经营,环境简单,选择不算多,但他们坚持不用素肉,而且胜在家庭式的饭菜令人有一种回家吃饭的温暖感觉。为了支持环保和减低工作量,餐厅鼓励一人一碗一碟,一筷一匙一杯,不浪费的美德。小帕喜欢他们的自制点心,例如萝卜糕、红菜头糕、饺子。慈心的老火汤也是因真材实料和食材丰富而大受欢迎。餐厅在观音诞日或佛诞日免费派发 100 个饭盒给年满 65 岁的长者,借此帮助社区和推动素食文化。

地址:天后清风街 9 号宝德楼 1 楼
电话:+852 6575 6052 / 6680 9391

07 绿野林

餐厅只开午市,提供天然有机、全食生、无蛋无奶、无麸质的纯素食午餐,每份港币 148 元,甜品另加港币 58 元一份。由羽衣甘蓝、香蕉、菠萝、柠檬叶打成的绿野菜露为前菜饮品,第二道菜为时令沙拉,主菜每天更换。田园卷和生机蛋糕是我的首选。厨师用香蕉、菠萝、番茄、翠玉瓜、亚麻籽粉和洋车前子壳粉为田园卷外皮的材料,把它们打成酱,再以 41℃ 风干成外皮,容易入口,味道清甜。酱汁也比较讲究,用了腰果、红椒和酵母粉研制。我试过青柠、咖啡朱古力和菠萝热情果的生机蛋糕,菠萝味和咖啡朱古力的蛋糕特别好吃,糕身香滑,香气四溢。曾有几位男性朋友去享用午餐时需要叫两份才觉得温饱,那就是港币 300 元一餐,我建议大家以品尝健康生机饮食的心态去吃饭,而不是要吃到肚子涨涨为目标哦。

地址:尖沙咀加拿分道 2 号 13 楼
电话:+852 3428 2416

糙米 BROWN RICE

08 一起素

在校园推动素食的健康及环保理念是美丽的。我有一位学生在香港中文大学工作，所以接触到一起素这间开了不到一年的纯素餐厅，分别去了两次试菜，同时还了解了餐厅的背景。一起素没有豪华的装修，看起来像是一间员工饭堂，价钱也特别便宜。下午茶由港币 12 元到 25 元不等，例如素鸡腿或日式手卷，另外，饺子面只需港币 28 元，素汉堡包 15 元。无论在香港的任何一个地方，都没有可能以此价钱品尝到。而且香港中文大学位于大埔，空气清新，山林风景尽入眼帘，所以坐在户外享受一餐，一乐也。

刚才提到的饺子面配以淮山面和番茄汤底，自家制饺子是一起素的招牌菜，食材选用了茄子、面筋和西洋菜，但材料会随货源及季节而作出调整。另外值得一提的是一起素有全日纯素早餐提供，平均港币 20 到 30 多元，有焗薯，吐司，沙拉，三明治等，都是早餐的好选择。

> 地址：沙田香港中文大学范克廉楼地下 G14 号铺
> 电话：+852 2386 4366

尝一口未来

柏林

Deutschland

BERLIN

文 & 图 /Lola

Lola，德国商科硕士在读，常年游走于上海与欧洲之间，曾任上海 HappyBuddha 素食餐厅的营销总监，十万粉丝生活方式自媒体 lolapola 博主，TEDx "Why Vegan" 演讲者。

一提到德国这个国家，许多素食者不禁要皱眉头并且心中冒出一大堆问号——德国菜的精髓难道不就是各种肉、各种香肠、各种猪肘子吗？论蔬菜他们不也是只会把土豆颠来倒去翻一百种花样做吗？素食者在德国真的不会被饿死吗？

在德国生活过很长时间的我，可以非常自信地拍胸脯保证，德国绝对是一个极其素食友好的国家，你能相信德国有将近 10% 的素食人口吗？你能相信德国是欧洲有机生态农业最为发达的国家之一吗？你能相信她的首都——柏林有将近 8 万纯素主义者以及几百家各具特色的纯素餐厅吗？是的，你真的没有看错，这就是德国，这就是柏林。

这个我深爱着的国家，这座饱受摧残但依然焕发着无穷魅力的城市，曾经的我因为其历史和文化被深深吸引。而茹素之后，却更是惊喜地发现，在这片土地上有那么多既美味又包含着爱意的纯素美食，其海纳百川之程度，是我走遍欧洲都没有在任何一个地方看到过的。

在这个嬉皮士文化盛行的城市，人人都想与众不同，也就铸造了素食餐厅都与其他地方不同的独特气质，任何最新最火热的 Food Trend，在这里都可以找到。

糙米 BROWN RICE

Rawtastic

1

Raw Vegan 生机素食已经流行许久，这家位于柏林嬉皮士区域的 Rawtastic 被誉为德国最好的生机素食餐厅之一。简单的北欧咖啡馆内饰，墙上有各种艺术家创作的抽象画，店堂正背面还有一面巨大的仿西兰花墙，一片绿油油看到心情都很好。菜式方面，必点的是号称全柏林唯一 100% 纯生、100% 健康、100% 美味的披萨，饼底以自然风干（dehydrated）的荞麦（buckwheat）制成，配上各种新鲜蔬菜素奶酪以及增加蛋白质的火麻仁，满足却不会有负担感。另外值得一提的是他们的各种果昔碗，不但美味营养而且颜值非常高。

地址：**Danziger Str. 16 (at Prenzlauer Berg)**

尝一口未来

Kontor Eismanufacktur

这家纯素冰淇淋店在柏林已经有两家分店,这家是总店。店面装修很可爱,非常像意大利小城路边的 Gelatoria,除了冰淇淋,店内也提供甜品和咖啡。口味多达十几种,从较为浓郁的巧克力香草,到清淡爽口的水果冰沙都有得选择。相较于我在纽约等地吃到的纯素冰淇淋,这家口感明显清淡很多,质感来说也会更快融化,后来问了店主,是因为这些冰淇淋都以豆奶制作,脂肪含量不如坚果基底来得高,但口感更清爽也更健康。乍暖还寒的日子很适合来上一支迎接美好春日。

地址:Danziger Str. 16 (at Prenzlauer Berg)

3 Daluma

地址:Weinbergsweg 3

这是一家一到周末就被柏林当地年轻潮人占领的健康饮食小店,位于柏林的心脏米特区,店面并不很容易找,但绝对值得一去。Daluma 的食物调味很轻,完全能吃到食材本身质朴的原味,也就很对我这样清淡的胃口了。他们的 Brunch 选择很有趣,让客人自行搭建超级食物碗 Superfood Bowl,可以选择各种底料和配料,如果有选择困难症,可以直接点"I Want It All",什么都能吃到,分量又不会太大到吃撑着,很适合什么都想尝试却又不想什么都点的吃货们。这家的冷压果汁也是值得推荐的,全部采用有机 Bio 原料,在收银台旁边的冰柜里用玻璃罐子装着,有各种各样新奇有趣的搭配和名字。

糙米 BROWN RICE

4

Lucky Leek

如果说在柏林想要 Fancy 一点的二人烛光素食晚餐，选这一家就绝对没错了。晚餐方面有三道和五道的 Set Dinner 可以选择，从前菜到甜品，量不大，但是几道菜下来也能吃到很饱。我们那天点的是五道 Course，因为人少又特别冷的缘故，大厨还特地送上了一份暖身的汤品，服务态度可以打满分。至于菜品方面有点让我想起上海的大蔬无界，属于创意菜，很难具体说清楚用的是什么材料，但却精致美味无比。

地址：**Kollwitzstrasse 54**

尝一口未来

5

Lia's Kitchen

柏林素食汉堡界的当红餐厅，如果去晚了可能就卖完了（我们去的第一晚，老板就满脸无奈地说什么都没有了，只能第二天再战）。店主非常的 Nice，英语讲得很好。菜单上有很多种素食汉堡可选，价格也都在 10 欧元以内，如果想快速便宜地解决午餐这家店是首选。特别推荐他家的 Aioli 大蒜奶油酱，一般来说 Aioli 都是用奶制品做成的，但这家的纯素食版本也美味异常！

地址：Kollwitzstrasse 47

纽约
NEW YORK

文 /Julie Gueraseva
译 / 孙梦颖
美食摄影 /Kenny Wong

Julie Gueraseva
纽约第一本原创纯素生活方式杂志《LAIKA》创始人，
投身于媒体与艺术，并借此提倡对动物和社会的公正
与平等。

纽约的纯素美食向来都是兼收并蓄了各式菜系、风格与呈现方式。Candle79 餐厅大概算得上是世界最著名、且经营最久的纯素食餐厅之一了，它作为地处曼哈顿上东区的高级餐厅，距离公园大道上那些社交名人和权贵富豪仅一步之遥。与之相对，在布朗克斯和布鲁克林，那些出售纯素牙买加小吃 Ital 的小门脸或用塑料杯装饮料的小饭馆也同样可以经营多年而屹立不倒。你可以在华盛顿广场公园的 "Dosa Man" 小食车前随便点上个纯素食物边走边吃，也可以去由世界级餐饮家 Jean Georges Vongerichten 初次涉足素食餐饮而新开的 abcV 餐厅，坐下来享受 "农场到餐桌" 理念的精致创意菜式。曼哈顿更是不少纯素餐饮连锁店的家乡，比如 Blossom du Jour、Beyond Sushi 或 Terri。可见，纽约人从来就不缺纯素的选择。

而在这么多的选择当中，怎么才能挑出自己的真爱呢？我决定带大家转一转布鲁克林，以原创性、便利性和平价性为评价标准，我甄选出了三家最棒的餐厅。我一直坚信，纯素食物不仅要美味，还必须要亲民，所以这三家餐厅可以完全不用担心价格因素而推荐给任何热爱美食的人。

01

Riverdel Fine Foods

纯素芝士一路走来，已经取得了很大发展，在布鲁克林普罗斯佩克特海茨的这家精致小店 Riverdel Fine Foods 就是最好的证明。乍看和一般的美食或芝士供应商并无区别的它却正是行业的先驱。2015 年 11 月正式开张的 Riverdel 是美国第一家提供市面上各种纯植物芝士综合精选的实体商店。而曼哈顿下东区新开的 Orchard Grocer 店铺就是追随了 Riverdel 的步伐。

进门可见的超大冰柜里储存的芝士种类甚是丰富，从口感柔滑到质地偏硬的、从浓烈厚重到味道烟熏的、从辛辣刺激到柔和芳醇的，简直多到令人炫目。这里不仅可见像 Miyoko's Creamery、Daiya 或 Follow Your Heart 这样全国知名的品牌，也有像 Cheezehound 或 Dr. Cow 这样本地手艺人的品牌。而在众多的品牌中，Vtopia、Punk Raw Labs 和 the Herbivorous Butcher 是其中的佼佼者。同时，Riverdel 也出售自家制作的芝士。名叫"Billy"的这一款纯素芝士是我个人的最爱。

正是在家自己动手制作纯素芝士这件事情，初次激发了 Michaela Grob 想要创业的念头。作为一名出于伦理考虑而纯素 6 年的前公司职员，她一直都盼望能把自己精心策划的纯素芝士店开起来。于是不久后，Riverdel 便诞生了，生意也一直都很好。除了芝士以外，店里还出售饼干、面包、零食、意大利面，和各种纯素酱料、酸奶及黄油。当然这里也有熟食供应，你可以用超级美味、入口即化的纯素烤芝士三明治或是拖鞋面包夹纯素萨拉米香肠来款待自己。对于喜欢吃甜食的人，这里有一排排新鲜出炉的美味糕点，和成箱的朱古力棒和松露巧克力。点一杯冰咖啡，在玻璃窗边选一个舒适的座位，然后就尽情地在纯素的梦幻世界里徜徉吧！

糙米 BROWN RICE

02

Clementine Bakery

对 Michelle Barton 来说，她势必是要开一家自己的面包房的。毕业于时装设计学院的她，选择遵从内心对食物的热爱，从洗碗工做起，一路努力成为纽约 Life Thyme All-Natural Market 的首席烘焙师。在目睹了布鲁克林克林顿山和贝德福德-斯泰森特地区纯素餐饮业的空白后，Michelle 在家人和朋友的帮助下于 2012 年开了 Clementine Bakery。她认为烘焙坊的成功在于她能够专注于食物本身的味道，而不是过分强调纯素食这个概念。Michelle 说："我有很多之前从未尝试过任何纯素食的客人，在吃了我们的食物后不禁惊叹，'哇，太好吃了！'"

当年还只是一家小店，如今却已扩展成为一家地方宽敞、座位充足的咖啡馆，横跨了克拉森和格林大街的街角。这里所有的食物选用的都是高质量有机食材，现场制作，忠实的顾客和曼哈顿人为此纷涌而至。店里最畅销的是一款被称为"BLAT"的美式经典三明治，各式烘焙食物也都香甜可口。我的个人最爱是杯子蛋糕，香味浓郁，口感湿润，甜度刚刚好，表面的糖霜轻薄不腻，还有多种口味可供选择。还有很多好吃到令人堕落的蛋糕和派，也可以为生日或其他特殊场合而专门定做。

店里的室内设计由 Michelle 本人亲自完成，对于学设计出身的她来说简直就是手到拈来。装修风格不仅时髦现代，又不失温馨，黑白色调的装饰和亮绿色的悬吊植物相得益彰。阳光透过超大的玻璃门墙肆意地洒进来，令人向往和朋友一起喝杯咖啡来消磨时光，或带着电脑安静工作。不得不说，Clementine Bakery 还是一个家庭友好型的场所，他们还和一家非营利机构合作，为叙利亚难民征集婴儿车。毋庸置疑，Clementine Bakery 的成功秘诀正在于这种社区精神与美味而不乏良知的食物的结合。

03

Brooklyn Whiskers

纽约的纯素餐厅是一个紧密融合的群体，Brooklyn Whiskers 恰巧就是纽约最受尊崇的纯素餐厅之一 Champs 的后裔。开创者就是两位曾经在 Champs 餐厅的烘焙师，其中一位还同时经营了另一家备受欢迎的纯素餐厅——Isa Chandra Moscowitz's Modern Love。拥有如此的背景故事，难怪 Brooklyn Whiskers 的口味和品质能始终如一，也让这里成为了我周末最爱的好去处之一。

餐厅舒适朴实，却又艺术风雅，而由于地处布希维克这样一个人尽皆知的"美食荒漠"，这里提供的纯素美食的价格便也很亲民了。餐厅虽小却令人欣喜，就像在自己家的厨房里一样，还有一个小庭院可以容纳更多的餐桌。这里的咖啡馆充满了幽默感与个性——咖啡师不仅能记住你的名字，还总跟你说笑话；卫生间的墙壁也从上到下都贴满了猫咪的照片。这种友好而随意的氛围反而增加了品尝食物时的美好感觉。最具口碑的食物是羊角面包，加上炒豆腐、芝士和牛油果就能变身成为完美早餐，这里的咖啡和自制柠檬汁也非常出色。柜台上高高地堆着司康饼、肉桂卷、麦芬和布朗尼，以及各种蛋挞、芝士蛋糕、曲奇和甜甜圈。总之，这就是典型的纽约传统烘焙坊，只不过这些是纯素的。事实上，很多顾客尚未成为纯素者，他们只是单纯地爱上了这里的丹麦酥皮饼而已。

布宜诺斯艾利斯

糙米 BROWN RICE

Buenos Aires

文＆图 / 甜菜根姑娘

自称"甜菜根姑娘"的 Zoey 就读于美国纽约大学，主修营养学与公共健康双专业，脚步遍及 20 个国家，热爱尝试"新食物"。她认为食物是承载一国文化、历史、经济和社会氛围的载体。她推崇以植物为基础的饮食，梦想是将食物的力量和故事传递给人们。

说起阿根廷，葡萄酒、探戈、足球、牛排——这几个词马上会浮现眼前。没错，阿根廷首都布宜诺斯艾利斯是著名的"牛肉之都"，肉食、含有芝士的咸塔和披萨、黄油满满的甜点，占据了当地人饮食的绝大部分。十年前，凯撒沙拉在这里算是很难吃到的稀有品，纯素食的概念更是闻所未闻。而如今，布宜诺斯艾利斯正在经历一场饮食革命，人们可以在这里找到非常多的纯素食、无麸质食品、生食等。布宜诺斯艾利斯还有许多素食资源散落在各个角落，许多餐厅都知道如何招待纯素者。这座"牛肉之都"也将有很不一般的素食风景。

1 ● Casa Munay

一进门先看到的是售卖各种健康食材的小超市，从糙米到健康烹饪油，从生食饼干到茶饮，选择非常丰富。冰箱里也有很多纯素酸奶、纯素芝士等，口味很不错。穿过超市，便有一个小小的庭院来用餐，非常温馨，怪不得店名叫"Casa"，果然有家一般的感觉！

地址： Av. Raúl Scalabrini Ortiz 2018, C1425DBO CABA

2 ● Bio Solo Orgánico

这是一家非常有名气、声誉很高、主打生食有机素食的餐厅，从摆设的石雕佛像就可以看出风格颇具禅意。每道菜在菜单上都清晰地标出了所用到的有机食材，可以看出店家的用心。推荐生机胡萝卜汤，虽然是生食，喝起来却暖暖的，将汤的温度控制在40℃以下，不会破坏其中的营养，更是新鲜美味。除了汤品，这里的沙拉、奇亚籽巧克力布丁也是必点！

地址：Humboldt 2192, C1425FUB CABA

3 ● Buenos Aires Verde

最推荐被酒吧包围的 Palermo Hollywood 区域中的这家纯素餐厅，不仅菜品选择多样，分量也超大。我最喜欢这里的主食沙拉"欧米伽沙拉"，里面包括牛油果、番茄、亚麻籽、奇亚籽、素食蛋黄酱、海藻、蘑菇等，搭配均衡又美味！这里的纯素红酒奶昔也令我流连忘返，由混合莓果搭配阿根廷特产 Malbec 红酒制成，真是不要太好喝！

地址：Gorriti 5657, C1414BKE CABA

4 ● Ohsawa

最近才开始风靡的 Microbiotic（自然饮食法）没想到在阿根廷也有根据地！一盘"Microbiotic 饮食均衡餐"只要 220 比索，里面不仅可以吃到健康糙米、新鲜蔬菜，还有海藻与豆类。菜单上的饮品也是多种多样，更有甜点和汉堡可供选择。在餐厅里除了吃饭，竟然还可以买到昆布和味噌等来自日本的食材呢！

地址：Honduras 5900, C1414BNJ CABA

糙米 BROWN RICE

5 ● Artemisia Cocina Natura

Artemisia Cocina Natura 地处一条格外安静的街区,这里主营健康套餐和面包。每天的午餐和晚餐都会有不同的套餐,其中包括南瓜泥、蔬菜沙拉、烤鹰嘴豆丸子、芝麻酱和鲜榨果汁。一盘满满的纯素盛宴,除了享受之余,也让更多的人有了健康饮食选择。

地址: Costa Rica 5893, C1414BTI CABA

6 ● JU Cold Press

JU Cold Press 是布宜诺斯艾利斯为数不多的一家冷压果汁店,除了出售冷压果汁以外,还有纯素奶昔、纯素甜点、沙拉三明治和一些小零食。这里还为顾客提供每日轻体套餐,500比索你就可以喝上8瓶果汁。我推荐牛油果三明治,两片全麦面包中夹着牛油果、豆芽、生菜等再配上纯素芝士和纯素番茄酱,口味丰富至极!

地址: Juramento 1665, C1428DMU CABA

尝一口未来

招牌探店
两家素食餐厅深入了解

编辑＆文 / 张小马

1

蔬河
VEGE CREEK

简单的饮食是一种生活的内敛

图 / 蔬河 VEGE CREEK

糙米 BROWN RICE

在匆忙的城市找到生活的纯朴，就像劳碌的身体需要健康。回归简单的饮食，才能重拾生活的简单。

"蔬河 VEGE CREEK"是一家隐匿在台北一条小巷子里的纯素卤味店，干净整洁的白色玻璃门，简单大气的水泥地板，朴素雅致的灰色墙面，温馨的木制长桌，还有充满生机的蔬菜墙……走进这样一家店铺，不由让人感到好似走进了一家咖啡馆。

从一开始的无人问津到现在的门庭若市，从一家小店到现在的四家分店，正是印证了两位老板"用蔬菜改善人们饮食健康"的初衷。

许淞堡和江金益都是"75后"，一心想要创业的他们在读硕士的时候突然辍学，义无反顾地走上了梦想之路。

两人先是去了澳洲，过了一年Working Holiday的生活，这也让他们赚到了人生第一桶金。于是他们回到台湾，便立刻创办了"蔬河 VEGE CREEK"，就这样他们的第一家卤味店诞生了！

因为"多吃蔬菜"的理念，食客可以拎着提菜篮从蔬菜墙上取下自己想要的食材，自主搭配。与传统卤味相比，蔬河的味道相对清淡，汤底是用中药熬煮的，选用了黑枣、当归、枸杞、甘草等多种药材，而这不仅没有中药的苦味，还有着一定的回甘。所有的食物都散发着本来的味道。繁复的烹煮模糊味觉、强烈的调味麻木味蕾，简单的饮食如同吸取纯净的空气，舒畅地循环。

【a】台中绿园道店内蔬菜墙
【b】生物可分解包装袋
【c】烹煮过程

当然，烹调出如此美味食物的原因，正是因为蔬河一直拒绝非转基因食品。身体拥有诚实的机制，是作为检验饮食的试纸。采用非基因改造食材，不只能让美味更纯粹，更是为健康把关。吃得简单是一种方式，吃得健康需要诚实。

除了在食物的严格挑选上，蔬河也为环保做了很多努力，把从前使用的塑料袋，全部换成了可降解的袋子。他们提供的外带餐盒，也都是可以多次使用的。如果食客自备餐盒，还可以享受到优惠。

这么细心的做法，是因为蔬河一直都在遵循"乐活"的生活方式，这是一种"健康及永续的生活态度"。其中健康代表着健康的饮食、生活、心灵成长与个人探索，而永续指的则是生态永续的精神。

简单的饮食是一种生活的内敛，需要用心细细地品味，培养美感的敏锐，用最诚实、也最直线的价值观，呈现自己所认同的生活感。

随着时间的河流，也许我们不需要繁复的饮食，只要简单的调味和蔬菜原始的香甜就已经足够，那是打从心里想要区别这喧闹城市的安静朴实。

延吉本店
地址：台北市大安区延吉街129巷2号
电话：02-27781967

诚品敦南店
地址：台北市大安区敦化南路一段245号B1美食街
电话：02-27755911#611

微风松高店
地址：台北市信义区松高路16号B2美食街
电话：02-2722-2440

台中绿园道店
地址：台中市西区美村路一段117巷23号
电话：04-23212209

---

2 Café Gratitude
感恩，是给这个世界最好的治愈

图 /Café Gratitude

这个世界上并没有真正的完美，当所有一切都在飞速发展的同时，人与人之间的距离却越拉越远。四目相对的瞬间，我们收获的往往不是期待中的微笑，而是不经意间的冷漠。然而，我们仍然可以自由地选择想爱的人和想做的事，以及，想吃的食物，然后带着感恩和食物带给我们的力量去治愈世界上的不完美。

糙米 BROWN RICE

提到美国加州，除了老鹰乐队的《加州旅馆》耳熟能详，还有一家贴近自然的纯素咖啡馆一定要进去坐一坐，它让 Beyoncé、Jay Z、Anne Hathaway、Emily Blunt 等好莱坞名人都成为了常客。这家咖啡馆就是"Café Gratitude"感恩咖啡馆。

Café Gratitude 由 Engelharts 夫妇于 2004 年在美国旧金山创办，二人开咖啡馆的初衷并不是为了赚钱，而是想借由感恩咖啡馆这个地方，来帮助更多人改变自己，建立一个真正的心灵家园。

从踏入大门的第一步起，温暖就扑面而来。店内的装修以白色为基调，简约明朗，从工业风的金属吊灯，到餐桌上可爱的多肉盆栽，处处都有小心思，当然，这也表达着 Café Gratitude 崇尚自然健康的饮食方式，和怡然感恩的生活态度。

在这里，所有的菜品都是用充满正能量的形容词来命名的，有被称为"恬静"的肉桂卷，"灿烂"的汉堡，"喜欢付出"的披萨，还有"身心自由"的超级食物碗，每一道都充满了无限的爱。

尝一口未来

而在点餐时,趣味才刚刚开始。食客们要对服务员说"I AM + 食物的名字"才可以点餐,所以假如想要的食物是"勇敢",就要说"I AM BRAVE. 我很勇敢"。这么特别的点餐方式,有时让人不好意思说出口,但真正说出来后就会发现,自己的脸上已经不自觉地扬起微笑了。也许我们都是如此,那些最令人难以启齿的话语,其实才是我们内心最渴望听到的安慰。

当然,让食客们心甘情愿成为回头客的不只是名字上的小花招,而是这里的食物全都来自当地的有机农场,100% 天然有机,在提供健康食物的同时,也支持了当地的可持续农业。

Café Gratitude 也一直坚持选择最好的有机食材才是对自己身体的尊重,同样更是对地球的一种尊敬,因为人与世界是相连的,也是一体的。通过食物,爱上生活,爱上自己,去接受世界,慷慨且感恩地度过每一天。

"What are you grateful for ?"

什么让你感恩?这是印在这里每一个餐盘上的句子。就是这句话,让更多的人有机会去回想那些生命中值得感恩的小细节,就是这句话,也让更多的人体会到了生命的精彩与可贵。

地址: LOS ANGELES 639 N Larchmont Blvd. Los Angeles, CA 90004
电话: (323) 580-6383

地址: SAN DIEGO 1980 Kettner Blvd. San Diego, CA 92101
电话: (619) 736-5077

地址: NEWPORT BEACH 1617 Westcliff Drive Newport Beach, CA 92660
电话: (949) 386-8100

地址: DOWNTOWN L.A. 300 S Santa Fe Ave. Los Angeles, CA 90013
电话: (213) 929-5580

地址: VENICE 512 Rose Ave. Venice, CA 90291
电话: (424) 231-8000

Café Gratitude

你一定要做的 31 件小事
31 THINGS EVERYONE MUST DO

30+1

01 定期举办 Potluck，和来自不同国家的朋友一起分享美食。

02 买上几本自己非常喜欢的轻食食谱书，每天都尝试去做一道新菜。

03 带上亲手制作的健康小零食，和朋友们一起去野餐，弹弹吉他、唱歌跳舞，尽情撒欢。

04 为 TA 做一个 Plant-based 的生日蛋糕。

05 升级自己的烘焙技能，烤出不加牛奶或鸡蛋的美味面包和饼干。

06 利用起自家的阳台和花盆，种上时令蔬果，细心打理，随时采摘来吃。

07 坚持早起，每天都给自己做一顿丰盛且精致的健康早餐，并拍下照片作纪念。

08 约上三五个好友去山林里搜集树叶上的露珠，泡一杯美美的花茶与大家分享。

09 去有机农场里工作一段时间，亲自种菜，与它们一起长大。

10 报名参加一次烹饪课，练习一些拿手菜做给家人吃。

11 吃遍自己所在城市的素食餐厅，成为素食活地图。

12 去法国的梅村住一个月，种地、禅修、在厨房工作、学习正念饮食，在一饭一蔬中体验食物带来的顿悟时刻。

13 做一个长长的纯素三明治，坐火车环游瑞士，欣赏远处的高山雪景和近处的鲜花草地。

14 去英国布里斯托参加欧洲最大的素食嘉年华，和 15000 人一起尽情享受美食和音乐。

15. 在冬天飞去巴厘岛，尽情享受阳光，体验生食一个月，感受身体的美妙变化。

16. 在柏林素食者大道 Schivelbeiner 逛上一天，用流行的"新食物"装满自己的旅行箱。

17. 坐飞机前，让航空公司把自己的食物都换成纯素的，享受最先开饭的特权。

18. 参加一次 The Woodstock Fruit Festival，和一群疯狂的果实者一起疯狂地吃水果。

19. 在炎热的夏天和朋友们一起做个伏特加西瓜，小小地放纵一把。

20. 去日本京都岚山赏樱花，喝一杯微苦爽口的宇治抹茶，再吃一个甜甜软糯的樱叶饼。

21. 在 Couchsurfing 网站上搜一个素食 host，背上背包去做 TA 的沙发客。

22. 参加一次 Holistic Holiday At Sea，坐上大游轮，漂在加勒比的海上，享受健康美食，冥想、瑜伽，让自己焕发新生。

23. 躺在夏威夷某一个小岛上，喝一杯热带果实做成的 Smoothie，闭上眼睛做一个白日梦。

24. 在巴塞罗那 Las Ramblas 大道上点一盘炸薯角，并让街头艺术家为自己画一幅肖像。

25. 学着电影《罗马假日》里的奥黛丽·赫本在 Piazza di Spagna 吃一个冰淇淋，但要吃开心果味道的纯素冰淇淋。

26. 在新加坡街边的家常小餐馆里吃一碗纯素肉骨茶和一碗星洲炒米线，告诉厨师不加虾米和鱼露。

27. 在情人节的时候尝试一颗纯素的巧克力，同样甜蜜满分。

28. 在雨后雾蒙蒙的杭州西湖上泛舟，边欣赏美景边吃鲜嫩的油焖春笋。

29. 去大山里安静观察身边的一切，小草、花朵、水、土壤，以及偶尔遇到的小动物，千万不要错过美味的野果子。

30. 骑着自行车环游阿姆斯特丹的街道，用郁金香和 Dutch Fries 装满车筐。

31. 把上面的事情再重复一遍

糙米 BROWN RICE

HEALTH DECODE

健康的迷思

把"独角兽"装进胃里 | 用超级食物滋养你的身体
一饭一蔬的光辉 | 食鲜最高！用大自然的温度来料理吧！ | 最好的疗愈来自最天然的食物

Nourishing Your Body with Superfoods
用超级食物滋养你的身体

编辑 / 张小马
文 /NINI
图 / 帕姆

【食物】与【超级食物】的区别在哪里？

我们的身体需要食物来维持必要的营养和能量。然而同样是食物，有些食物会增加某些疾病的风险，而有些食物则通过更优秀的营养和能量降低这些风险，更胜一筹。如果我们把食物营养想象成一座宝塔，那么位于顶部的就是超级食物，并已被研究证实可以改善健康，降低患病风险。

超级食物并非营养学中的一个定义。不过，被营养学文献以及书籍推荐的超级食物可以放心食用。因为它们并非药品、保健食品、膳食补充剂，它们是天然食物本身。有些我们经常吃，有些我们也许还没有吃过。它们存在于地球的各个角落，是大自然给我们的礼物。

糙米 BROWN RICE

从营养学怎样看超级食物？

偶尔吃一次棉花糖派或熏肉芝士汉堡和薯条可能不会伤害你，然而在营养学概念上，它们是"能量密度大"但"营养密度低"的那一类食物，长期吃它们，将同时导致"能量过剩"和"营养不良"。Superfood 则相反，它们都是"能量密度低"却"营养密度高"的食物。我们很容易得到身体需要的营养，又不必吃太多不必要的热量。

营养学中的 7 大营养素是：宏观的碳水化合物 (Carbs)、脂肪 (Fats)、蛋白质 (Proteins)，微量的维生素 (Vitamins)、矿物质 (Major-minerals&Trace Minerals)、以及水 (Water)、膳食纤维 (Dietary Fiber)。另外还有目前营养领域更加重视的植化素 (Phytochemicals)。注意，这 8 类营养素，前 3 种是我们现代饮食几乎不会缺乏，只会过剩的。而维生素、矿物质、膳食纤维是每天需求量很小，但是需要每天摄入，以维持我们正常生理功能的。植化素，是除去已经定义的 7 大营养素之外，植物中所有对我们有益的生化成分的总称。它是最前沿的，还未被发现完整的，但已证实对我们身体有极大意义（例如类胡萝卜素、植物甾醇、儿茶素、大豆异黄酮等）。

我们怎么样去平衡饮食中可能多余的前 3 类营养物质，和可能不足的后几类营养物质？Superfood 是一个很好的选择。

如果我们通过正确的饮食可以减少拜访医生的次数，为什么不呢？

超级食物可以帮助我们：

① 提高免疫系统 .... 【*Boosting Your Immune System*】
② 保护心脏 .... 【*Helping Your Heart*】
③ 减重 .... 【*Losing Weight*】
④ 预防癌症 .... 【*Protecting Against Cancer*】
⑤ 改善消化 .... 【*Improving Digestion*】
⑥ 缓解炎症 .... 【*Easing Inflammation*】
⑦ 抗衰老和美丽 .... 【*Aging Beautifully*】
⑧ 保护眼睛 .... 【*Helping Your Eyes*】
⑨ 增加正能量 .... 【*Pumping Up Your Pep*】

我们不谈超级食物 *TOP1* 到 *TOP10* 都是谁，但是，接下来要介绍的这 10种超级食物，是我们最优先，也最方便加入到饮食计划中的 *TOP10*。

天然抗生素蔓越莓

CRANBERRY

这种红色的酸酸的小浆果和蓝莓拥有很多相同属性。原产于北美,欧洲人在 1550 年第一次发现。在感恩节到来的时候,将蔓越莓汁或蔓越莓酱与火鸡搭配是朝圣者们的一种传统。除了传统以外,从健康角度,建议每星期吃两次蔓越莓或喝两次蔓越莓汁(在买不到蔓越莓的地区,我们可以用干制的蔓越莓干加入到料理或沙拉中)。一杯蔓越莓含有 13mg 维生素 C,零脂肪,非常低的卡路里,少量的天然糖。

好吧,一周吃两次,有哪些好处呢?

蔓越莓的最大本领是阻菌。 它含有的特殊植化素,有助于阻止细菌生长,尤其是在尿路。保持心脏健康。蔓越莓含有的酚类物质有助于保持动脉血管清洁。根据 2008 年的《英国营养杂志》(British Journal of Nutrition)的报道,蔓越莓汁可以降低低密度脂蛋白胆固醇水平。

预防和治疗膀胱感染。 膀胱感染(也称为膀胱炎)通常需要抗生素治疗。然而,蔓越莓可以加快愈合时间,防止未来感染。马尿酸,一种从蔓越莓中发现的化合物,能够保持尿液酸性,并作用于膀胱壁,使细菌不能增殖。

促进消化道健康。 研究发现,蔓越莓中的一些植化素可以对抗食源性病原菌,比如防止你在野餐中吃到了放置太久的食物而生病。

维持口腔清洁。 蔓越莓的抗菌性能还可以体现在口腔,它有助于杀死导致牙齿腐烂的细菌。

FLAX SEED
富含木质素的亚麻籽

这种小种子的强大是因为它们富含一种叫做木质素的植化素，还有 ω-3 脂肪酸。木质素是一种抗氧化剂，保护我们的细胞。亚麻籽被坚硬的纤维包裹，因此它是富含纤维的。同时它富含 B 族维生素、重要的微量元素镁和锰，它们对于维持身体中每天成千上万的复杂生化反应具有不可或缺的作用。

建议每天吃 1～2 汤匙磨碎的亚麻籽。

摄入足够的纤维和更好的脂肪。1 汤匙亚麻籽含有 2 克纤维和 37 大卡的热量。完整的亚麻籽含有可溶性膳食纤维 (Soluble Fiber) 和不可溶性膳食纤维 (Insoluble Fiber)。可溶性纤维 (类似于水果中的纤维) 帮助调节血糖，降低多余胆固醇；不可溶性纤维不能被身体吸收，但是可以增加大肠内的废物体积，有助于消化道的健康。亚麻籽油中含有大量的 α- 亚麻酸（ALA），可以合成二十碳五烯酸（EPA）和二十二碳六烯酸（DHA），这两种重要的脂肪酸和鱼油中的脂肪酸是一样的。ω-3 系列脂肪酸对心血管系统有好处，并有利于减肥。

保护心脏。帮助降低血液胆固醇水平和减少炎症，这两个因素是心血管疾病的危险因素。根据 2008 年《美国营养学院学报》（The Journal of American College of Nutrition）的报道，亚麻籽可以降低 Lipoproteins（一种增加心血管疾病风险的脂蛋白）。

消炎作用。亚麻籽中特有的脂肪酸和植化素可以共同对抗身体炎症。2008 年丹麦研究发现，在松饼中加入亚麻籽，其木质素可以成功降低被研究对象的 C 反应蛋白质水平 (C 反应蛋白是一种可以通过血液检测的可能引起类风湿炎症以及其他炎症的物质)。

改善消化功能。亚麻籽的纤维帮助维持肠道运动规律。保持骨骼强壮。ω-3 脂肪酸有助于保持骨密度，减少骨骼中的钙质流失。

预防癌症。根据 2005 年《国际癌症》(International Journal of Cancer) 杂志发表的文章，亚麻籽木酚素可抑制癌细胞的生长。发表在《泌尿学》杂志的研究发现，饮食中含有丰富的亚麻籽可以降低前列腺癌的风险。

消除眼干不适。《美国临床杂志》(The American Journal of Clinical Nutrition）营养报告，饮食中增加 ω-3 脂肪酸可降低女性参与者的干眼症发病率（一项超过 3500 名女性健康人士参与的研究）。

维持正常血糖水平。一项由中美合作的研究项目显示，每天服用亚麻木质素可以改善 2 型糖尿病患者的血糖水平。其中的可溶性纤维也有助于调节血糖。

PS：亚麻籽、亚麻籽粉、亚麻籽油
选择亚麻籽是最完整的营养选择。亚麻籽油含有 ω-3 脂肪酸而不含有膳食纤维，并且极易氧化，建议密封、避光、冰箱冷藏，每天食用 1～2 匙并于两周内用完（采用巴德维排毒法可以选用亚麻籽油）。选择亚麻籽粉也较容易氧化，所以应选择密封包装，并且尽快用完。另，亚麻籽油不宜高温烹调，只能用于佐沙拉或者直接食用。

LENTILS
美味小扁豆爱生活

小扁豆是一种廉价而且营养的豆科植物,有红色、黄色、黑色、褐色、绿色……它们是很多不同国家的主食,尤其是印度。小扁豆无脂肪,具有饱腹感,是令人喜爱的超级食物选择,建议每周 2 次轮换食用。小扁豆可以为你提供较多的膳食纤维。它含有 25% 的蛋白质,仅次于豆科中的大豆。1 杯煮熟的扁豆含有 18g 蛋白质,16g 纤维。一份小扁豆含有每日 90% 推荐量的叶酸,它还是很好的铁质来源,我们的身体需要氧气滋养,多吃小扁豆吧。

每周 1～2 次用小扁豆做主菜或主食,有哪些好处?

<u>照顾你的心脏</u>。小扁豆富含纤维,这些纤维可以结合胆固醇并将它们通过粪便排出体外。这不仅可降低胆固醇水平,而且还降低了动脉中形成胆固醇斑块的风险。小扁豆中的叶酸,可以减少同型半胱氨酸水平(同型半胱氨酸水平升高与增加并发心血管疾病的风险有关)。

<u>预防出生缺陷</u>。孕妇缺乏叶酸可能会发生初生儿缺陷,而扁豆含有大量的叶酸。

<u>保持健康血糖和体重</u>。小扁豆是一种良好的碳水化合物来源,同时含有合理的纤维和蛋白质,使其慢慢消化,在两餐之间产生有效的饱腹感。蛋白质和纤维的结合也有助于保持血糖在健康水平。所以小扁豆是糖尿病患者很好的蛋白质和碳水化合物来源。

<u>降低癌症风险</u>。根据 1989 年的护士健康研究 II(其中包括超过 90000 名女性)显示,多吃豆类如小扁豆可降低 24% 的乳腺癌风险。

<u>维持消化系统正常,预防便秘</u>。扁豆含有大量不可溶性纤维和可溶性纤维。不可溶性纤维可使粪便吸收水分,降低了肠道疾病的风险,并有助于预防便秘。

PS:为了方便可以选择罐装扁豆,但是记得烹调前用水洗去多余的盐分,否则它对你的心脏健康不利。

糙米 BROWN RICE

CHIA
植物鱼油奇亚籽

这种小种子来自墨西哥,是薄荷家族的成员。我喜欢叫它"植物鱼油",因为它富含 ω-3 脂肪酸(甚至比亚麻籽还要高)。奇亚籽在胃中遇水膨胀可以使我们产生饱腹感,降低我们对碳水化合物的渴望。这是第二个优点哦。传说古代阿兹特克人和玛雅人因为吃了奇亚籽种子,在战斗中和长途跋涉中拥有更持久的能量。它是给予我们耐力并且控制食欲的很少见的奇妙种子。

如果我们每天制作沙拉或者果昔时用一点奇亚籽,会有以下好处:

预防心血管疾病。 2007 年的一项糖尿病临床研究表明,经常食用奇亚籽可以降低血压和减少炎症。ω-3 系列脂肪酸是伟大而重要的,它有助于降低胆固醇,减少血管疾病风险。

保护肠道。 奇亚籽纤维对于肠道功能调节和整体胃肠道健康非常有利。还可以用它降低胃灼热和胃痛症状。

控制体重。 奇亚籽吸收及代谢缓慢,因此可以帮助你产生持久的饱腹感,并有助于调节胰岛素(控制血糖的激素),使你不会感到饥饿。其含有的 ALA 也是帮助血糖下降,促进减肥的原因。

获得能量的提升。 奇亚籽能吸收 7~10 倍的水,形成一种凝胶,消化缓慢,这有助于保持一个持续的高能量水平。

QUINOA
一粒与众不同的藜麦

Quinoa 原产于南美洲，像奇亚籽一样，被土著美国人作为一种充满活力的食品。因为它可以使战士在战斗中保持持久和坚强。印加人认为藜麦是神圣的食物，并且多年来一直是他们的主食。

藜麦是一个真正的种子，但在烹饪中，它很像一粒粮食。口味上，它有淡淡的坚果味并且质地松脆。它和超级蔬菜——菠菜搭配在一起很美味。藜麦可能不像燕麦或小麦那样广为人知，但它是一种拥有很多好处的超级食品，建议你每星期至少享受一次藜麦作为主食。

在营养学中，有一个概念叫"完全蛋白"，藜麦就是这种如同大豆一般的完全蛋白，这意味着它含有 8 种必需氨基酸（这对于素食主义者是非常重要的，因为拥护肉食的营养学家总是宣称乳类和蛋类是完全蛋白，其实植物性食物不仅存在完全蛋白，而且其中的脂肪含量远低于动物性食物来源）。1 杯煮熟的藜麦含有 8 克蛋白质，约为其他谷物的 2 倍，并且含有大约 5g 膳食纤维，所有这些只有 222 卡路里。

藜麦也是很好的矿物质来源，其中包括镁、锰，铁，铜，还有足够的 B 族维生素。这些营养物质参与身体的化学反应，把你吃掉的食物转化为能量。同时它含有健康脂肪酸和钾元素，对心血管系统有好处。

添加藜麦到日常饮食中，会收获以下健康好处：

<u>**保持消化系统健康。**</u>大量的不可溶性纤维帮助我们正常排便，促进结肠内的粪便移动。减少腹胀、痔疮的疾病风险。

<u>**减少患胆结石风险。**</u>《美国胃肠病学》（the American Journal of Gastroenterology）杂志在 2004 年发表的一项大型研究中表明，藜麦中的纤维可以减少胆汁的分泌，从而减少 17% 的胆结石风险。

<u>**获得抗氧化剂和更多的能量。**</u>矿物锰和铜都有助于生产超氧化物歧化酶——SOD，一种有助于人体抵御细胞损伤的酶。这种抗氧化活性物质有助于预防心血管疾病，癌症和其他炎症性疾病。藜麦还含有丰富的核黄素（维生素 B_2），与能源生产有密切关系。

<u>**缓解偏头痛。**</u>藜麦中含有高浓度的镁元素，镁有助于放松血管防止偏头痛，是偏头痛患者最佳的日常选择。

<u>**使减肥更加容易。**</u>藜麦自身的蛋白和纤维是一个很好的组合。一项发表在 2005 年《英国营养杂志》（the British Journal of Nutrition）的科学研究发现，藜麦相比谷物（如小麦）具有更高的满意度，吃藜麦可以缓解饥饿感，从而避免更多主食摄入。

糙米 BROWN RICE

CACAO
和甜品王子谈恋爱

我们花了很多时间劝身边的朋友少吃甜品,所以黑巧克力是一个有趣的推荐。因为它同时属于甜品界和超级食物,是不是很棒？注意这里的修饰,必须是"黑"巧克力,因为它相比于牛奶巧克力,含有更多的有效成分——可可。可可是由可可树的豆荚收获的种子,然后种子被加工成可可粉。然后这位神奇的少年华丽丽地进入了甜品的宫殿:从糖果、蛋糕、饼干、巧克力到冰沙和圣代。然而这些甜品大多数是高脂肪、高糖、高热量的,所以我们建议你关注的是CACAO,而非含有可可的甜品。

CACAO和COCOA,有没有发现,可可有两种拼写。其实,市面上几乎100%的可可类产品只能叫做COCOA,而我们推荐的超级食物是CACAO,因为这个拼写指的是生可可(不经过高温加工的)。这种低温烘干的工艺需要更长的时间,更高的成本,然而会最大程度保存可可的营养成分。

可可富含黄酮类化合物,特别是儿茶素。类黄酮可以缓解炎症,保护体内细胞免受损伤。可可富含镁,这种矿物与我们身体正常的神经和肌肉功能密切相关。另外,可可还提供矿物质硒,一种重要的抗癌元素,抗氧化剂。1999年发表在《美国饮食营养协会》杂志上的一篇论文公布,镁缺乏与人们对巧克力的渴望有联系(1盎司黑巧克力含有55毫克的镁,超过两片全谷物面包的镁含量)。另外,对巧克力的渴望也和成分5-羟色胺等神经递质(大脑化学物质)有关,它使人产生幸福感。可可中还含有兴奋剂咖啡因和可可碱,仿佛生化模拟恋爱的感觉！

每天少量吃可可,可以得到的健康好处:

改善血管健康。可可中的黄酮类化合物对血管有益处。发表在2004年《美国营养学报》(the Journal of the American College of Nutrition)上的研究显示,每天吃1块黑巧克力可以改善血管功能。我们需要健康的血管,让血液流向大脑、心脏,和身体的其他部分。黑巧克力(可可)可以降低动脉粥样硬化(动脉增厚)的风险,并有助于保持血压在健康水平。

抑制胰岛素抵抗。2005年《美国临床营养学》杂志报告,黑巧克力中的黄酮有助于改善胰岛素抵抗(身体中胰岛素不能作出适当的反应,是导致糖尿病的主要原因)。同时,黄酮类化合物对血管的好处同样对糖尿病患者非常有用,因为血管问题是糖尿病患者常见的并发症。

更健康地怀孕。从耶鲁大学2008年的一项研究中发现,孕妇多吃巧克力或摄入更高水平的可可,她们患先兆子痫的可能性降低。

尝一口未来

MATCHA

碧云白花抹茶君

"碧云引风吹不断,白花浮光凝碗面"是唐代诗人卢仝对抹茶的赞美。碧云,指茶的色泽;风,指煎茶时的滚沸声;白花,煎茶时浮起的泡沫。之所以这样引用,是在说明一个忧伤的事实:抹茶风靡于日本,其实起源于中国隋唐。抹茶取自上等的春茶,如今日本的茶叶名产地京都宇治是最负盛名的。抹茶的工艺不同于并且更挑剔于绿茶,然而其营养价值和我国的绿茶异曲同工。所以说中国的绿茶和抹茶,都是欧美人比较重视的超级食物。

每天一杯绿茶或者在甜品中加入抹茶,有很多好处:

预防乳腺癌。 涉及大量人群的膳食研究表明,每天喝绿茶(或抹茶)的人群有较低的癌症发病率。2008 年的乳腺癌研究和治疗报告显示,绿茶可以通过阻断癌细胞血管生成的方式抑制肿瘤扩展。

预防前列腺癌。 儿茶素能够抑制实验室中的前列腺癌细胞的生长。EGCG 被认为是预防这种癌症的主要儿茶素。澳大利亚的一项研究结果表明,饮用绿茶可以保护男性前列腺免受癌细胞攻击。

保护心血管系统。 2005 年《营养杂志》(The Journal Nutrition)证实,绿茶提取物可在 3 周内显著缓解炎症、高血压、和低密度脂蛋白胆固醇偏高状况。绿茶可以保持血管更加清洁。

降低卵巢癌风险。 2005 年内科医学档案公布的研究显示,女性每天喝更多的绿茶,可降低患卵巢癌的风险。

预防糖尿病。 儿茶素可以更好地控制血糖。2008 年的《肥胖杂志》(The Journal Obesity)发表的研究中报道,糖尿病患者喝绿茶可以降低糖化血红蛋白水平(血糖测定)。

帮助减肥。 2008 年的《美国临床营养学》(The American Journal of Clinical Nutrition)杂志阐述,绿茶中的儿茶素帮助我们在适度的运动中燃烧更多的脂肪卡路里。锻炼前喝绿茶(或抹茶)有利于保持体重和减脂。

糙米 BROWN RICE

GOJI
营养界的红宝石——中国枸杞

作为国人都太熟悉了。它的英文名是 Goji Berries,可以看出它也是一种浆果啦。事实上,一些专家认为,它比蓝莓更强大。它位于抗氧化食物图谱的顶端。枸杞果富含强抗氧化物质,并且已在中医领域被应用了几千年。但是,枸杞鲜果是不能够承受运输之苦的,所以出售的枸杞都是干制的,或者以果汁、茶的形式。它们有一种略带酸味的味道,类似于小红莓或樱桃。在西方国家,每天喝 4 盎司枸杞汁是非常被推荐的。

枸杞含有大量的植化素和抗氧化剂,例如胡萝卜素、植物甜菜碱、植物甾醇等并富含铁质。根据 2007 年的《细胞与分子神经生物学》(Journal Cellular and Molecular Neurobiology)杂志证实,枸杞具有的强大抗衰老作用可以保护你的神经细胞和视网膜。此外,枸杞被列为超级食物也和其抗氧化作用对癌症的影响有很大关系。

每天吃干枸杞或饮用枸杞汁的好处:

预防年龄相关性黄斑变性。 枸杞含有高水平的类胡萝卜素、β-胡萝卜素和玉米黄质,这是维持正常视力很重要的营养物质。玉米黄质可以帮助保护视网膜,降低老年黄斑变性(AMD)。

对抗癌症。 枸杞含有的植化素,具有强大的抗癌作用。一项 1994 年在《中华肿瘤》(the Chinese Journal of Oncology)杂志发表的研究表明,已发现枸杞作为癌症辅助疗法具有积极的效果。其中的甜菜碱还有助于降低高同型半胱氨酸水平(一种与患心脏病和炎症的高风险相关的蛋白质)。

帮助减轻体重。 我们的身体需要甜菜碱,帮助生成胆碱和蛋氨酸。这两种物质是抗脂肪肝的重要物质。它们能够把脂肪从肝脏移走并燃烧掉多余的卡路里。枸杞的甜菜碱含量非常丰富。

保护心脏。 枸杞中含有的 β-谷甾醇可以在胃肠道阻塞胆固醇的吸收,有助于降低胆固醇。另外,从枸杞浆果中也被发现了强大的抗氧化剂——超氧化物歧化酶(SOD),它是抵御自由基对细胞进行侵害的重要战士。

CHICKPEA
理想蛋白——鹰嘴豆

鹰嘴豆，令人马上想到 Hummus 鹰嘴豆泥吧？用它搭配蔬菜是印度和巴基斯坦的重要主菜之一。作为健康酱料，它也成为了近几年素食主义者很喜欢的休闲食品。除了印度和巴基斯坦，我国新疆是出产优质鹰嘴豆的重要产区。

根据美国每日医疗网（Medical Daily）的报道，美国干豆与扁豆协会指出，2013 年美国鹰嘴豆泥的商机高达 2.5 亿美元，越来越多的美国家庭开始食用这种健康食物。那么，它含有哪些对身体有益的营养物质呢？

根据中科院新疆理化所的鹰嘴豆科研项目显示，鹰嘴豆的营养成分，无论在种类还是数量上，都大大超过其他豆类。它和大豆一样，属于完全蛋白质（含有人体不能合成的 8 种必须氨基酸），不仅如此，鹰嘴豆共含有 18 种之多的氨基酸。特别的是，每百克鹰嘴豆所含的钙质高达 350 毫克，磷 320 毫克，铁 47 毫克，均高于其他豆类。维生素 C、B_1、B_2 含量高达 12 毫克，膳食纤维含量更高于其他。

经常食用鹰嘴豆对健康有哪些好处：

优质的植物蛋白。 鹰嘴豆毫无疑问是可以替代大豆（如果担心转基因问题）的最理想豆类，它和大豆一样包含 8 种人体必需氨基酸，属于完全蛋白食物。所以它是素食主义者非常喜欢的植物蛋白质来源。补血，补钙。鹰嘴豆的钙质、叶酸、铁质含量均高于其他豆类，用鹰嘴豆打成豆浆是很好的补钙饮品。

可以做为营养强化食品。 鹰嘴豆高蛋白、高不饱和脂肪酸、高纤维、高钙、高锌、高钾、高维生素 B，这些对人体有益的特征不仅是素食人群，更是营养不良人群的天然营养补给。

缓解女性更年期综合征。 这一点和大豆一致，它们都含有至关重要的植化素——异黄酮。这种活性植物类雌激素能够延缓女性细胞衰老，使皮肤保持年轻，减少骨质丢失，促进骨生成，降血脂，并且减轻和预防女性更年期综合征。

防止癌细胞增殖。 同样源于异黄酮的作用，它可以防止癌细胞增殖，并促进癌细胞死亡。因此可以很好地防治荷尔蒙类型癌症（如乳腺癌、前列腺癌），它可以平衡人体荷尔蒙水平，减少与荷尔蒙相关疾病的困扰。

糖尿病患者的理想食物。 鹰嘴豆含有微量元素铬。铬元素在机体的糖代谢和脂肪代谢中发挥重要作用。铬是葡萄糖耐量因子 GTF 的组成部分，所以鹰嘴豆对糖尿病具有控制、降低血糖，预防和减缓糖尿病并发症的作用。

帮助高血压，利于血管健康。 鹰嘴豆是高钾食物（不止是香蕉哦），钾元素对高血压患者的辅助效果非常重要。另外，鹰嘴豆含有的铬元素和多不饱和脂肪酸可促进胆固醇代谢，防止脂质在肝脏和动脉壁沉积，降低血小板凝结能力，防止血栓形成。

糙米 BROWN RICE

PUMPKIN SEED
吃南瓜不吐南瓜籽

如果你曾经在节日雕刻过南瓜灯,在挖掉南瓜肉的时候你一定见过被橘红色果肉包裹的南瓜籽!它们被覆盖在厚厚的南瓜瓤里面,看起来并不那么吸引人。但是,事实上这些种子非常有益于你的健康,它们含有丰富的营养和健康的脂肪酸。建议吃南瓜的时候不要把它们丢掉!

南瓜籽中含有有益健康的 ω-3 系列脂肪酸和 α- 亚麻酸,它们都可以作为身体的抗炎剂。丰富的植物甾醇(可以理解为植物胆固醇),有助于降低胆固醇。南瓜籽中含有大量的镁,这关系到神经和肌肉的生理功能和身体内的很多生化反应。此外,南瓜籽还是铁和 B 族维生素的理想来源,这两种营养素帮助我们供给身体需要的能量。南瓜籽富含钾,有助于保护心脏和调节血压。

吃南瓜的时候不丢掉南瓜籽,有哪些好处?

降低胆固醇。根据 2005 年《农业和食品化学》杂志发表的文章,南瓜籽丰富的植物甾醇具有抑制人体对胆固醇的吸收,促进胆固醇的降解代谢,抑制胆固醇的生化合成等作用。南瓜籽中的 ω-3 脂肪酸有助于降低炎症反应和心血管疾病的风险。

避免膀胱结石。一项泰国的研究发现,吃南瓜籽可以降低膀胱结石的风险(小而大量的膀胱结石),这是由于南瓜籽中高含量的磷元素。

缓解焦虑。南瓜籽中含有丰富的色氨酸,是一种影响情绪的重要大脑化学物质。加拿大《生理学和药理学》(The Canadian Journal of Physiology and Pharmacology)杂志在 2007 年的一项研究报告中阐述,南瓜籽中的色氨酸有助于缓解社交焦虑和社交障碍症状。色氨酸也常被用来辅助睡眠。

保护你的前列腺。吃南瓜籽有助于减少良性前列腺增生症的风险。根据 2006 年《药用食物》(The Journal of Medicinal Foods)杂志发表的研究,通过大鼠实验发现南瓜籽油可以抑制睾酮从而降低前列腺增生。

启动你的超级食物生活方式

11 / 种方法确保你每天用到超级食物

01 设计属于自己的食谱

02 添加到容易达到的食谱中

03 以植物性饮食为主

04 每天选择摄入 5 到 9 种水果和蔬菜

05 携带健康零食

06 饮用超级食物果昔代替饮料

07 彩虹饮食

08 外出时候计划每一餐能吃到的超级食物

09 擅长利用季节性食物

10 放弃薯片选择蔬菜蘸酱

11 多吃沙拉

糙米 BROWN RICE

把「独角兽」装进胃里
你不会吃不好一顿早餐

编辑 / 张小马
文 / 赖美君

独角兽是神话中美丽又高雅的生物，在童话世界中更是七彩缤纷的魔法神兽，非常梦幻。最近流行起来的所谓"独角兽食物"便是跟幻想中的独角兽一般，用彩虹般的多种色彩，创造出食物缤纷的视觉效果。而"独角兽食物"不仅是一条带着颜色的彩虹，更是一条营养的彩虹。

赖美君，毕业于美国伊利诺伊州立大学香槟分校生物硕士学位，并在美国俄亥俄州立大学获得科学教育博士学位。目前服务于美国责任医师协会（PCRM），该协会旨在推广以营养学为基础的预防医学，并在美国首府华盛顿设有医学中心，提供以饮食为主的治疗方案。

尝一口未来

独角兽早餐正流行

早餐如果吃得好,可以为我们提供一整天的保护力。把七彩缤纷的"独角兽食物"发挥在早餐,简直事半功倍!现在,越来越多的年轻人健康意识抬头,像这股"独角兽早餐"的新风潮,就是这群注重健康的年轻人引领起来的!

糙米 BROWN RICE

01

Jo 的草莓酸奶麦片

来自澳洲的 Jo 分享的草莓酸奶麦片富含丰富的蛋白质，其中的酸奶由椰奶制成，植物性酸奶特别适合易有乳糖不耐症的人群，从而代替了一般人使用的牛奶酸奶，就算是对没有乳糖不耐症的人也可以帮助其避免可能有过多抗生素与激素的牛奶制品。在欧美各国，不但连重视健康与食物品质的有机超市一定会出售植物性酸奶，连普通超市也有越来越多植物奶和植物性酸奶的选择了。

Instagram: healthyeating_jo
Website: www.healthyeatingjo.com

尝一口未来

Larissa的莓果Smoothie

很多人都是把Smoothie装在杯子里，饮用起来很方便。但来自德国的Larissa却把Smoothie装在碗里用汤匙喝。那么，用杯子装跟用碗装有什么区别呢？Smoothie若用汤匙一口一口慢慢吃，会比从杯子中马上喝掉，来得更有饱足感。别忘了我们是在准备早餐，不是在准备饮料呀！一杯Smoothie虽然含有许多的营养素，但如果我们马上喝掉，也许不到中午就容易饿了，因为大脑会觉得早上只是喝了一杯很有营养的饮料而已。因此，把Smoothie装在碗里一口一口慢慢喝，大脑才会觉得身体很饱足，吃了一顿非常丰盛的早餐喔！

Instagram: justanothersmoothiebowl
Website: https://justanothersmoothiebowl.wordpress.com

02

糙米 BROWN RICE

Harriet 的独角兽松饼派对

很多食物为了让人上瘾，会加入非常多的精制糖，还有各种人工色素。而来自英国的 Harriet 所分享的独角兽松饼派可是无糖的哦，松饼的甜味是来自于无花果、浆果、可可碎仁、米糖浆、椰子碎片，和用蝶豆花茶及甜菜粉末染色的植物酸奶。若是周末比较有空做早餐，干嘛不试一试呢？

Instagram: bos.kitchen
Website: http://www.boskitchen.com

03

04

Carina 的美人鱼吐司

来自德国的 Carina 是独角兽食物达人，她热衷制作各式梦幻餐点，都是独角兽的缤纷风格。在吐司面包上涂上以海洋蓝为主题风格的抹酱，再以蓝莓、草莓、香蕉与桑椹加以点缀，蓝色是添加蓝藻粉而呈现出来的颜色，有意思吧！美人鱼吐司是以淀粉为主要热量来源的早餐，所以吃完更有饱足感。碳水化合物是健康饮食中重要的一环。碳水化合物是热量的主来源，使人体的大脑和肌肉正常运作。一天的饮食中，应该要有四分之三的热量来自于碳水化合物。当然，选择优良的碳水化合物来源非常重要。首先，应该选择复杂碳水化合物，例如淀粉，而不是简单碳水化合物，例如糖。再者，应该选择含有纤维的碳水化合物来源，例如糙米或全麦面包，而非白米或白面面包。

Instagram: fan_tasty_c
Website: https://vegancarina.wordpress.com

糙米 BROWN RICE

Tara 的活力早餐碗

对来自美国的 Tara 来说，食物本身的鲜味是最美味的。把新鲜的菠菜、洋菇、木瓜、红菜头、番茄切块，配上用面条机制作的西葫芦面条，这样的早餐盘既充满营养又非常简便。你可能会对西葫芦面条感到陌生，但在蔬食料理中西葫芦面条可是很流行！西葫芦富含营养素但是热量却很低，可以给人饱足感但不易让人发胖。西葫芦所富含的营养成分包括维生素 C、维生素 A 以及维生素 B，有抗氧化与抗发炎的效果，也是钾和镁的良好来源。西葫芦有这么多好处，切成面条后口感清脆，非常爽口，难怪西葫芦面条会这么受欢迎。

Instagram: tarakemp_

05

> 尝一口未来

06

Alina 的芒果玫瑰燕麦粥

来自德国并常在世界各地旅行的 Alina 说:"燕麦粥非常适合用来做早餐!"燕麦粥不仅是膳食纤维的绝佳来源,还能维持血糖稳定,让人比较不会有饥饿感。纤维的好处更不胜枚举了,高纤膳食不但可以帮助排泄顺畅,避免毒素累积在人体内,还可以降低胆固醇,帮助避免血糖突升或突降,进而达到防治新陈代谢疾病,甚至预防癌症的效果。再配合富含抗氧化物的水果如蓝莓,这样的早餐就是一整个早上的活力来源,既美味又健康。

Instagram: Plantbasedali_
Website: https://earthlingali.wordpress.com

糙米 BROWN RICE

我 们 真 的 很 适 合 吃 色 彩 缤 纷 的 食 物

[独角兽早餐] 的色彩搭配并非毫无道理，饮食的天然颜色越多样，意味着我们越能摄入丰富的营养成分。赋予水果和蔬菜鲜艳色彩的色素，也代表着不同的保护性物质。

● RED　　红色

食物　　FOODS
番茄与番茄产品、西瓜、番石榴

保护物质及可能的功效　　BENEFITS
番茄红素：抗氧化剂；降低前列腺癌风险

● ORANGE　　橙色

食物　　FOODS
胡萝卜、番薯、甘薯、芒果、南瓜

保护物质及可能的功效　　BENEFITS
B-胡萝卜素：支持免疫系统；强效抗氧化剂

● YELLOW-ORANGE　橙黄色

食物　　FOODS
橙子、柠檬、葡萄柚、木瓜、桃

保护物质及可能的功效　　BENEFITS
维他命C、黄酮类化合物：抑制肿瘤细胞生长、清除有害物质的毒素

● GREEN　　绿色

食物　　FOODS
菠菜、羽衣甘蓝、芥蓝菜以及其他绿叶蔬菜

保护物质及可能的功效　　BENEFITS
叶酸：构建健康的细胞与基因材料

尝一口未来

● GREEN-WHITE　绿白色

食物　FOODS
西兰花、球茎甘蓝、卷心菜、菜花

保护物质及可能的功效　BENEFITS
吲哚、叶黄素：去除过剩的雌激素与致癌物

● WHITE-GREEN　白绿色

食物　FOODS
大蒜、洋葱、细香葱、芦笋

保护物质及可能的功效　BENEFITS
烯丙基硫化物：摧毁癌细胞、减少细胞分裂、支持免疫系统

● BLUE　蓝色

食物　FOODS
蓝莓、紫葡萄、李子

保护物质及可能的功效　BENEFITS
花青素：摧毁自由基

● RED-PURPLE　红紫色

食物　FOODS
葡萄、果莓、李子

保护物质及可能的功效　BENEFITS
白藜芦醇：可降低雌激素的分泌

● BROWN　棕色

食物　FOODS
全谷、豆科植物

保护物质及可能的功效　BENEFITS
纤维：去除致癌物

除了色彩缤纷之外，它们还都是富含抗氧化素的蔬果，而且是没有高饱和脂肪、高胆固醇、多盐及多精制糖的问题食物。准备早餐的原则就是尽力把对身体保护力提到最高，破坏力降到最低。而植物性食物含有多种天然抗氧化素，像水果就富含酚类植物营养素，可以增加血液的抗氧化能力。

越来越多的研究显示，慢性发炎会导致包括心血管疾病、新陈代谢疾病、高血压、糖尿病和高脂血症的各种疾病。如果日常生活的饮食含有高脂肪和精制糖这种容易促进氧化和促使慢性发炎的食物（也就是摄入有破坏力的食物），早餐就更需要有大量的抗氧化食物来进行补救。

【注】以上信息来自美国责任医师协会

别把吃早餐当成遥不可及的理想

有谁不知道早餐很重要?可很多人还是因为嫌麻烦或是想减肥而跳过早餐。我们总听说如果不吃早餐容易营养不均衡,影响工作与学习效率,甚至还会引发某些疾病。这样说真的有科学依据吗?

一项综合研究检视了47篇研究报告,逐一分析这些说法的确实性,结果发现真是这样。研究指出,不吃早餐的儿童跟青少年相比,体重容易过重或者营养不均,而且学习能力、记忆力、上课表现等相较于规律吃早餐的同学是比较弱的。研究还指出,无论是儿童或成年人,早餐的规律程度和品质跟患上肥胖症与糖尿病的风险息息相关。越规律,质量越高的早餐,患上肥胖症与糖尿病的风险也就越低。研究也指出,有吃早餐习惯的人,其膳食纤维的摄取比较高,油脂和胆固醇摄取也相对较少。总结来说,早餐对一天的能量摄取、体重控制,甚至慢性病的风险是非常重要的。

真正质量好的早餐带给你一整天的活力。那什么样的早餐是好的呢?首先,要避免不健康的早餐。美国责任医师协会的研究报告指出,不健康的早餐包括以下五项:

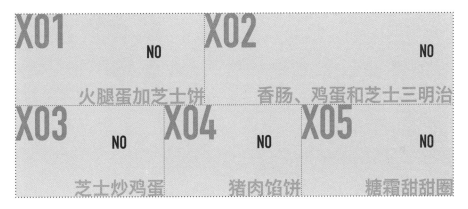

这几种常见的美式早餐都是高热量、高饱和脂肪、高胆固醇、多盐及多精制糖的。像火腿、香肠和培根等加工肉是世界卫生组织宣布会引起结肠直肠癌的。根据全球疾病负担项目的最新估计,全世界每年大约有3.4万例癌症死亡可能是饮食中含有大量加工肉制品导致的。这样的早餐不但没办法给你一整天的活力,反而对身体有害。

好在中国人的传统饮食相对来说是比较优质的。不过现代人的生活步调不断加快,早餐就算吃了也通常吃的比较随便。很多人都常常以一片吐司和一杯牛奶带过,质量上便显得不足。有些人可能会说:"至少我喝牛奶呀!一杯牛奶所含的营养素难道不够吗?"

其实牛奶对中国人来说,并不算好的早餐选择。全世界有65%的人有乳糖不耐症,喝完牛奶30分钟后,就有以下肠胃道不适的症状,包括下腹部疼痛、胀气、拉肚子等。跟世界其他人种比起来,90%的中国人有乳糖不耐症,是全世界比例最高的。与其坚忍不拔地训练自己习惯吃完早餐就拉肚子或胀气,何不试试看改吃同样方便准备的"独角兽早餐"呢?

别把吃早餐当成遥不可及的理想,健康美味又好看的早餐真的很简单!

尝一口未来

最好的疗愈来自最天然的食物

编辑/张小马
文/Vivien Ji

Vivien Ji,"平衡生活 LifeBalance"平台的创始人,蔬果汁轻体认证师,认证生机饮食厨师,身心灵排毒发展导师,四象限全息排毒疗愈发明者。

自从轻断食的发明人麦克尔·莫斯利博士(Dr. Michael Mosley)和《泰晤士报》等主流报纸的健康专栏作家咪咪·史宾赛(Mimi Spencer)出版了席卷全球的畅销书《轻断食》后,就连格温妮丝·帕特洛(Gwyneth Paltrow)、米兰达·可儿(Miranda Kerr)等知名女星和维秘超模都公开了在走红毯前几天会进行轻断食的秘密。随着这股散不退的健体瘦身热浪,轻断食算是掀起了一场世界狂潮,一时间所有人都用一杯蔬果汁来表现前卫新潮的健康生活方式。

蔬果汁轻断食源自于断食排毒法。在人类文明的开始，古埃及的牧师就已经用断食排毒的形式作为宗教仪式的一部分了。直到当今时代，仍然有许多宗教仪式将断食排毒作为其中的一项仪式。古希腊的哲学家曾把断食法与医药并用作为一种帮助身体排毒的疗法，包括洗肠这样的方法也都源自于此。

与此同时，在印度的阿育吠陀疗法及瑜伽习练当中，断食排毒也是非常常见的。同样在泰国早期的瑜伽练习中也融合了蔬果汁排毒，这种内在清理，是习练者在灵性成长中自我实现的一个重要部分。据记录，远在公元前 2700 年，我们的祖先也已经发明出不同类型的排毒法，例如刮痧、拔罐等。

无论是在东方国家还是西方世界，人们都曾运用天然的草本、蔬菜或水果来帮助清理身体中的有害毒素，并都通过这样的方式达到同样的目标，那就是帮助身体代谢化学及有害的毒素。

所谓的毒素，就是我们在自然饮食的过程当中，身体积累了大量的废物，这也正是导致身体衰老的元凶之一。除了饮食方面，这甚至也包括空气污染、水源污染给身体带来的伤害。

长时间的毒素积累会妨碍我们的新陈代谢功能，影响我们的血液循环系统，使我们的身体容易浮肿，并导致各种功能的衰减。所以通过蔬果汁轻断食可以轻而易举地把毒素排出体外，净化血液、清洁器官等，从而让我们保持一个健康的生活状态。

蔬果汁轻断食作为一种自然疗法，充满了神奇的治愈力量。

很多人一定都听说过一句源自于西方的谚语——"You Are What You Eat"，也就是说你吃的食物决定着你的健康程度。在我们的世界里，充斥着过多的转基因、加工过度、垃圾快餐等食物，导致现代人普遍面临着食量虽大却营养匮乏的问题，尤其是微量营养素的摄取极其有限。所以很多人肥胖、亚健康、患有疾病都源自于身体大量的毒素积累、营养匮乏。

据调研，人体 70% 的毒素都来源于不合理的饮食。很多健康达人也曾说："美好的身材等于三分练、七分吃。"而冷榨蔬果汁可以缓解或解决很多健康问题，因为冷榨蔬果汁完整地保留了多种蔬菜和水果的综合营养、维生素、矿物质、植物营养素、抗氧化物、酶等。这些多种蔬菜和水果的萃取精华结合在一起的时候，它们就像一个团队，相辅相成最大化地滋养着我们的身体。

除了这句西方谚语，在古老的印度阿育吠陀疗法里，有一句更进一层的说法——"You Are What You Digest"，这意味着你的消化系统决定了你的健康状态。

人体的消化体系就像一台机器，我们消化一杯蔬果汁需要的时间是 15 分钟，一杯奶昔是 1 个小时，一道简单的沙拉是 3～4 个小时……你可以想象一下，平时我们吃的食物需要多久去消化？当你在睡觉，你的消化系统却一直在工作，而这台机器年终无休地工作了 20 年、30 年，甚至更久。就算是你平时开的车，也需要定期保养检修，可是这台机器又有多久没有休息过了？所以当我们用蔬果汁轻断食来清体时，我们的消化系统也会得到它所需要的休息。

除此之外，酶在消化系统中也有着举足轻重的作用。

酶是一种活性物质，它本身并非营养物质，但是它与我们的消化和吸收息息相关，酶的工作就是加工食物以便我们的身体去吸收营养。人体自身也可以合成一部分的酶，它们负责消化和代谢，但是如果我们的饮食不平衡，当身体缺乏某些微量营养素时，如锌、钙、镁、铜，这就会抑制酶在身体内的合成。

而在中国的传统饮食中，大部分的食物都要经过高温的烹饪，当烹饪温度高于 46℃时，食物就会失去很多种不同类型的酶，从而导致食物中大量的营养素的流失。在未经高温处理之前，所有的营养物质都处在活生生的状态，这样"鲜活"的食物才可以为人体提供活性酶和适当的营养素，这一切才是身体恢复生机的关键。

尝一口未来

假如你毫无理由地感到身体疲惫、无精打采，晚上很难进入深度睡眠状态，白天醒来依旧昏昏沉沉，甚至连喝水都会发胖；假如你还被慢性便秘困扰、皮肤状况差、抵抗力降低、容易感冒等，这些都是身体需要排毒所发出的信号。

那么，为什么不利用几天时间用蔬果汁轻断食，让自己疲惫不堪的身体获得真正的休息呢？当我们的身体变得干净时，我们也将获得充满光彩的皮肤、窈窕的身材以及精力满满的状态！

食谱

然而，这种神奇的疗愈力量并不存在于商店里售卖的那些瓶瓶罐罐的果汁中。我们常见的商品蔬果汁和新鲜冷榨蔬果汁的不同之处都有哪些呢？最明显的差异是：

- 商品蔬果汁即使在包装上写着"100% 天然"，但其实大多是经过高温处理的，这一过程就像上面所提到的，会破坏食物中很大一部分的营养。

- 商品蔬果汁里含有大量的糖，这其中包含果糖以及精制糖，而新鲜冷榨蔬果汁是以蔬菜为主、水果为辅的原则，所以它的天然果糖含量很少。

- 为了口感，商品蔬果汁中大部分都有很多添加剂或非天然成分等。

所以，想要真正的营养与健康，亲手制作自己的蔬果汁才是关键。

冷榨蔬果汁轻断食，小配方大公开！

01　　　　　　　　　■ 大 V 超级纤体绿汁 Big V Superlean

- 2 根有机黄瓜
- 1 个柠檬
- 1 个苹果
- 1 个泰国青柠
- 1 把羽衣甘蓝
- 2 根芹菜
- 1 块姜
- 1 块印度姜黄

这是每日必喝的纤体绿汁，它富含丰富的维生素群、姜黄素、钙、铁、叶酸、钠等。姜黄具有抗癌、抗炎、抗氧化、修复肠道炎症、提升新陈代谢的功能，可以说是健康食物中的明星了。而苹果和黄瓜可以促进肠蠕动，非常善于帮助身体排出毒素。芹菜可以帮助身体降低酸性体质，去除多余的二氧化碳。姜是自然界中纯天然的抗生素，柠檬具有去除毒素以及有很强的抵抗身体有害细菌的作用，可以帮助我们清理肠道、肾脏和肝脏。泰国青柠不仅味道清香，也是减肥的神器。

02　　绿巨人 Green Power

- 2 根有机黄瓜
- 1 个梨
- 1/4 个菠萝
- 1/2 个茴香头
- 1 把欧芹（或香菜）
- 1 把薄荷
- 1 个柠檬
- 1 块姜
- 1/2 个牛油果

这款蔬果汁富含丰富的维生素 B 族和维生素 C、果胶、铁、天然果糖、抗氧化物、氨基酸，是优质碳水化合物的来源。牛油果可以为身体提供大约 20 多种核心的营养，包括纤维、维生素 E、维生素 B 族、叶酸、钾等。茴香有抑制食欲的作用，黄瓜和柠檬可以非常好地帮助身体调节酸碱值的平衡。欧芹或香菜可以帮助净化血液，梨和菠萝可以帮助我们的肠道蠕动，梨汁也是非常出名抵抗肠道癌症的果汁。薄荷可以帮助身体中的脂肪组织排毒。

03　　橘皮橘皮快快走 Cellulite Eliminaror

- 1 个苹果
- 1 个梨
- 1/2 个葡萄柚
- 1/2 个橙子
- 1 个青柠
- 2 根芹菜
- 1 把薄荷

大家都知道橘皮组织在我们瘦身纤体的道路上是不可逃避的一个问题。一般来说，它的形成源于不健康的饮食及缺乏运动，这促使我们的肝脏和淋巴系统中充斥着毒素。这款蔬果汁富含丰富的维生素 A、维生素 B 族、维生素 C、钙、钾、糅花酸、抗氧化物、铁和苹果酸。苹果可以清理脂肪组织中的毒素，葡萄柚富含维生素 C，还可以很好地帮助我们的淋巴系统排毒清理。芹菜、苹果和梨可以帮助皮下组织排毒并且提升肾功能。总之这一款蔬果汁具有超强的去除橘皮组织的作用哦。

Tips

1. 蔬果汁最好的饮用时间是鲜榨现喝，这样可以最大限度地避免氧化。
2. 在冬季，最好用常温的蔬果榨汁。
3. 女性在经期时，可以在蔬果汁中加入适量的姜。
4. 每个人的体质不同，蔬果汁轻断食清体也需要根据个人情况调整配方，建议在有经验的老师的指导下完成。

○─ 尝一口未来

食鲜最高！
用大自然的温度来料理吧！

编辑 / 张小马
文 / NINI
图 / 帕姆

生食 (Raw Food)，你一定听说过，也怀疑过。吃惯了各种千变万化的熟食，我们对"生"持有一些可以理解的生疏感。但是你看，自然界的一切都是"生机"的，"熟透"的苹果也是"生"的。除了人类用火、用电加热食物以外，所有的动物皆吃生食。所以，"高温料理"是人类的发明。

然而，至今也没有严谨的科学统计能够证实，人类是否可以从生食转变为高温烹调的饮食生活，并且不会引发众多疾病。因为，在植物被高温"折磨"的过程中，很多必要营养素从我们的餐桌上消失了，很多现代疾病在本质上都是营养缺乏症。

潮流可以影响到更多人，而它是否对我们有益才是长久的价值。生食饮食法就是这样一个颇具魅力、在先锋小众中不断传播，也经得起考验的饮食生活。它所追求的，并非"生冷"，而是"不经加工的自然的样子"。树上的橙子是什么样的，我们就吃什么样的，不去浓缩分离、不去高温灭菌、不去添加甜味剂、不去罐装和长期储存……

大自然的规律和我们需要的营养之间没有那么深奥。植物一生中经历的最高温度大约是 45℃，所以食物中酵素对温度的耐受力也在这个范围。这是大自然的出厂设置，超过 40℃，酵素开始逐渐失去活性；60℃～80℃时，大部分酵素会被破坏，并发生不可逆变性。不仅是酵素，还有一些维生素和重要的植化素也被摧毁。这便是重视生食比例的人群身体获益的原因所在。

RAW FOOD

45
60 ×
80 ×

0%

糙米 BROWN RICE

生机饮食和生食疗法都是已经影响我们几十年的先进饮食方式。它们的共同好处在于：不吃动物性食品、提倡选择自然农法、无农药化肥、非转基因的食物，拒绝精致加工食品，每天吃新鲜芽菜……生机饮食以柔和的方式给予我们生活更好的建议，生食则更加专注于接近100%生食的饮食结构。生食疗法是由安·威格摩尔博士（Ann Wigmore,1909-1994）所推动的，对于重症人群疗效显著。也是我们生活饮食结构的终极追求方向。每个人能够适应的生食比例不同，我们可以经由生机饮食，循序渐进地达到愉悦的食生生活。

除了健康优势，生食还有两大独门优势：不开火和吃得饱。当然，所有的饮食结构都不会阻止你吃饱，但是却不一定健康。生食法有一项可爱原则，那就是"一定要吃饱"。这个原则在纯素饮食中也可以听到，但是却可以更加"任性"。吃素人群中很多朋友的饮食结构中来自炒菜的油脂以及令人满足的主食吃得过多，这会和想要保持身材的愿望背道而驰。而低温料理的特点限制了不健康油脂和熟食谷物的份量，让你感到饱腹的食材大多来自蔬菜、水果和超级食物，所以即使你吃到不再想吃，热量也不容易超标。只需稍微注意坚果的用量就可以了。还有，不会炒菜就不炒菜吧！生食料理要求用低于41℃（有时是46℃）的温度来对待食材，不用炉灶、烤箱、微波炉、电磁炉……所以你完全可以不擅长这些。但是你要擅长低温风干、搅拌、冷冻定型，还有栽培芽苗！如果你喜欢，就可以让厨房跟油烟拜拜！

Nature　　　　　　　　　　100%

10 个 美味与健康的等式

所谓"食鲜最高"，蔬食当是如此。生活中有很多我们常见的食材，若以"不开火"的低温方式简单处理，就是极自然又好吃的美味。

来试一试这10个等式吧！

125

节瓜，永远吃不胖的"面条"

【关乎口味】

节瓜是南瓜族、冬瓜属的一种瓜类，最常见的是深绿色皮和黄色皮，也叫"香蕉西葫芦"。西葫芦是南瓜族、南瓜属的瓜类，就是我们常见的那种淡绿色外皮的小瓜。看，它们是近亲。其实，也有观点认为它们都是西葫芦，只是颜色不同而已。这些履历都不重要，因为它们的口味真的很像，如果你在西式菜谱中看到"节瓜"，那么你用本地产的西葫芦也是一样好吃！看到我在夏天总是生吃西葫芦，就会有人问："这能生吃？"当然能！不仅能，它还是制作健康蔬食面条的最重要角色。西葫芦质地绵细致密，特别适合用抛丝器做成各种形状，在摆盘的时候不会像其他瓜类那么容易出水，味道低调如水，无任何怪味道，简直就是为了配合各种酱料而存在的！所以我会用它来做各种面条，缎带状的宽面、天使细面、还有薄薄的可以摆起来的千层面。节瓜/西葫芦的口味，无论搭配西式的意面酱料，或是中式的凉面酱，都百分百没有问题，放心试吧，它一点都不黑暗！

【也关乎营养】

节瓜制作面条的好处不言而喻，如果一个女孩爱吃面食她就是与减肥为敌，比如以前的我。于是节瓜和西葫芦就是你们的救星，只要调得一口好酱料，哪怕是芝麻酱……吃多少都不用担心热量超标！不仅如此，它还附赠大量的膳食纤维帮助你清肠排毒。炎热夏季，来两碗节瓜面条！

【"不开火"的料理招数】

十分钟做好白酱宽带意面(Fettuccine)：把节瓜用抛丝器做成宽面形状，然后用料理机打个白酱（泡过的生腰果+柠檬汁+大蒜+海盐+黑胡椒+水），节瓜面条盛盘，淋上白酱，就OK了（还可以加几片用健康酱油浸泡过的口蘑）！

糙米 BROWN RICE

番茄干，那般浓郁胜肉干

【关乎口味】
你知道吗？在纯素生食料理中，番茄干可以用来代替"肉干"添加在沙拉中！不可思议吗？如果亲自制作一次番茄干，一定会被它的浓郁口感所折服。低温制作番茄干是把它抹好橄榄油和香料之后放入风干机6～8小时才完成的，这和用烤箱高温2小时烤出的口感并不相同。虽然花费时间很久，不过可以一次制作好几罐，在需要番茄酱或番茄浓汤的时候，加几片进去，一下子提升汤品或酱料的深度和稠度！素料理中的粉红意面酱（Rose Sause Pasta）就是用番茄干制成的。除此之外，因为它"出挑"的口感，直接用来拌意面，或加在切片欧包里都好吃到流口水，总之越随意越好吃！

【也关乎营养】
番茄经干燥后水分大幅减少，其中的营养物质更利于封存，这样处理的果干和蔬菜干中的维生素和矿物质也比新鲜水果高出5～10倍，并且因为低温处理，原本的营养素大部分没有被破坏。另外，番茄红素是脂溶性植化素，用油浸法在密封罐里储存小番茄，可以随时为三餐增加额外的番茄红素！

【"不开火"的料理招数】
制作风干番茄干 & 油浸番茄干（如图）：
番茄干：小番茄去蒂，对半切后淋上少许海盐和黑胡椒，然后放入设定温度为46℃的食物风干机（如果没有也可以自然暴晒3～4天），海盐和胡椒粉可以引出小番茄的甜味，无需添加任何甜味剂。
油浸番茄：番茄干做好以后，混合切碎的大蒜和欧芹，再混入一些植物油脂，放入消毒过的玻璃罐，加满橄榄油，常温放1～2天，然后冷藏即可（橄榄油冷藏会产生白色结块，所以需要混合一些其他植物油）。

花椰菜，神奇「白饭」

【关乎口味】

花椰菜味道温和，颜色和白饭很像，细细地切碎以后，只要搭配口感稍重一点的酱料，就可以充当米粒来吃。还可以用海苔卷起来做成无谷物寿司！这种奇特的吃法不知道最初是谁发明的，因为我们似乎很难接受花椰菜也可以生吃。但是料理就是如此充满想象力。我也试做过几次花椰菜饭，我的经验是，花椰菜不能用料理机打碎，因为它会被高速钝刀打出我们不太喜欢的生汁味道，需要用耐心加上最锋利的刀，一点一点切，越碎越好，或者也可以用食物处理机打碎。尽量不要把汁水挤压出来。浓厚一些的咖喱味酱料很适合遮盖它的生味，达到"咖喱炒饭"的效果。除了花椰菜，卷心菜也可以用这种方法来制作白饭。

【也关乎营养】

十字花科的蔬菜和预防癌症关系密切，和含有叫做"硫配醣体"的植化素有关，因此国外曾有喝西兰花生汁逆转癌症的病历。但是这种效果经过高温就完全没用了。其实，十字花科的蔬菜大多数可以生食。生食卷心菜还是家喻户晓的"胃病特效药"，所以，不要小看蔬菜的生食价值。如果能接受生食的口感，可以偶尔尝试用花椰菜或者卷心菜代替寿司里的米饭，享受丰盛的植物化学素。

【"不开火"的料理招数】

适合花椰菜饭的简单咖喱酱：只需 3 种调味料哦，用发酵酱油 + 咖喱粉 + 龙舌兰糖浆即可（花椰菜一定要切得很细小，越是不爱吃的蔬菜越要切细，建议再搭配一些香菇、洋葱、节瓜和甜椒碎丁，口感更好）！

糙米 BROWN RICE

羽衣甘蓝，喜欢 SPA 和低温

【关乎口味】

为什么要啰嗦一下羽衣甘蓝，缘由是一位生活在香港的同学跟我闲聊："这个菜不好吃啊！"我马上好奇而严肃地问："你是怎么做的？"她说："炒啊，还有煮。" 恍然大悟，相比于欧美蔬食，我们身边很多朋友并没有了解这个蔬菜当红明星更鲜活的食用方式。羽衣甘蓝质地偏硬，厚实柔韧，经过高温料理之后的味道并不比我们常吃的那些叶菜更加突出。相反，刚刚摘下的羽衣甘蓝叶子，只要放在沙拉盆中，每隔几个小时淋一淋水，它就能在3天内保持硬而脆的状态，我特别喜欢它的这种"松脆"的质地。为什么要通过灼烫来让绿叶子蔫软下去毫无生命力呢？在这里不得不提到国外已经非常流行的"绿色 Smoothie"，太适合不喜欢吃绿叶菜的同学了。拿几片你不想去嚼的羽衣甘蓝，随自己口味搭配成熟的香蕉、柠檬、菠萝、椰奶一起，就可以很容易地做出一杯幼滑的绿色拿铁。除了"喝"，当然还可以"吃"。

我还经常用它做风干羽衣甘蓝脆片，抹上生发酵酱油和营养酵母等，经过6～8小时的低温烘干，就可以制作成一大罐的蔬菜脆片！这样代替薯片是不是更好？另外，羽衣甘蓝当然也是生机沙拉的主角。我的窍门是在清洗之后，撕成一口大小，然后用橄榄油给它做个 SPA，这样做的好处是改良其纤维质和细胞壁，不仅更加帮助消化，而且可以让绿色的色泽更加鲜明，味道更加柔和。

【也关乎营养】

用1分钟时间做一杯绿色 Smoothie，最大的好处莫过于补充我们所有人群（特别是非素食）三餐中绿叶菜摄入的不足。绿色植物中的叶绿素能吸附并排除身体内的有害物质（包含重金属），具有不错的排毒效果。可是，它是一种极不稳定的营养素，只要离开土地，就已经开始被光、热、酸、碱、氧化剂等不利情况破坏，从叶子变黄或变深的进程便可看出。第一时间将绿叶菜不经高温处理并食用，是保全活性营养物质很好的选择。

【"不开火"的料理招数】

怎样给羽衣甘蓝做 SPA：将羽衣甘蓝用冷水洗净、控干水分，将叶片（不含茎）部分撕成一口大小，加1匙橄榄油或芝麻油，轻轻揉搓，直到它微微变软。

CACAO，抗氧化盛宴这样吃

【关乎口味】
我们在市面上可以买到和吃到的可可类产品，其实 99% 是"熟可可"，即 COCOA。更加追求品质和健康的生机饮品会选用生可可（CACAO），它们有什么区别？生可可是可可豆经发酵以后石磨成的粉，流程中避免高温。我们都知道经过高温烘焙的食物颜色会更深，所以，如果你买来真正的生可可粉和普通可可粉一看便知，生可可粉是淡一些的颜色，而熟可可粉是明显的深咖色。在味道方面，生可可没有经过任何高温加工过程，所以它原有的醇香得到了最大的保留，因此口味也会比普通可可更加地道。经常被用在巧克力味的 Smoothie 中，以及一些冷冻甜品中！

【也关乎营养】
我们都知道一些关于可可的好处，例如抗氧化。但是，拨开食品工业的真相，其实可可制品大多经过高温加工，原本的抗氧化剂被破坏了很多。成分对比数据显示，生可可粉的抗氧化能力是熟可可粉的 4 倍还要多一点，是黑巧克力的 6 倍！所以，如果我们很喜欢巧克力的抗衰老、抗氧化的优点，多吃一些价格更贵的生可可吧，你值得拥有！

【"不开火"的料理招数】
健康巧克力脆片：融化椰子油，加入生可可和龙舌兰糖浆，搅拌均匀。然后加入任意坚果碎和果干碎，混合均匀。在方形模具中铺上烘焙纸，把巧克力浆倒入，放入冰箱冷冻 30 分钟以上。凝固以后就可以掰碎啦（椰子油和可可粉比例约为 1:1）！

糙米 BROWN RICE

燕麦，我更爱你生食的样子

【关乎口味】

燕麦的香气，在谷物中不是最厚重的，却是清爽干净的。难怪它才是谷物中的早餐王子。无论是水煮，或是烘烤，它都能延展出令人喜欢的香味。你知道吗？它也是谷物中为数不多的不煮不烤也可以吃的美味！而且，和烘烤的燕麦（比如 Granola）相比，生燕麦别具风味，让人满足但不贪食。我曾经有一次把传统烤燕麦和冷泡燕麦一起做好品尝，于是老公更喜欢浓郁松脆的烤燕麦，而我依旧喜欢浸泡在生杏仁奶中微软微甜的生燕麦。这种淡淡味道留出的空白，恰可以任由自己去搭配一些苹果丁、柿干、肉桂粉在一起，成就一番小小的构思。

【也关乎营养】

生燕麦低温处理的营养好处在于挽留住了它本来富含的不饱和脂肪酸，有了它，才更加称得上是"保护心血管的谷物"。另外，谷物中的维生素以 B 族为主，但大多数都因为"精细化"的烹饪方法从我们的餐桌上消失。偶尔把燕麦加以善用，低温处理，可以在早餐时间帮我们弥补不该丢失的营养素，它们对于稳定情绪、提高一天的新陈代谢，非常重要。

【"不开火"的料理招数】

我所做过最好吃的冷泡燕麦：生燕麦提前用冷水浸泡一晚，第二天把浸泡过的燕麦控去水，加少许海盐、龙舌兰糖浆，放入食物调理机里打碎，但不要太碎，然后浸泡在杏仁奶里即可（可在燕麦碗上随意加一些果干、巧克力屑等。我搭配了用苹果、柠檬汁、柿干一起做的糖渍苹果）！

尝一口未来

甜菜根，美丽的补血因子

【关乎口味】

甜菜根因为它独特的汁液颜色在近几年已经被我们熟知并且很容易买到了。它就是悠久的乌克兰红菜汤里面那种让汤色浓郁的主要食材。我很喜欢红菜汤。另外，甜菜根在制作酱料的时候通常会切块先烤制，然后它那酒红色的果肉就会逐渐变得干瘪暗淡。所以很多朋友更加喜欢保留它艳丽的颜色，用料理机打成一杯"粉红佳人精力汤"就是好喝又好看的方法。甜菜根单独闻起来会有我们总说的明显的"土腥味"，像萝卜的味道。其实，它很喜欢搭配甜甜的水果，只要和充分的水果在一起，你就可以马上忘掉它近似萝卜的味道。除了粉色 Smoothie，切丁或切丝，做一份田园沙拉也是 OK 的。

【也关乎营养】

甜菜根是特别适合女生多吃一些的公认补血蔬菜。从营养素角度谈补血，不仅仅需要铁质，还需要 B_{12}、维生素 C、维生素 D、β-胡萝卜素、叶酸的共同参与，它们被称为补血因子。这些重要的因子，甜菜根中几乎都含有。其中的水溶性维生素极易被高温破坏，β-胡萝素也在高温条件下会加速氧化，所以低温处理方式才能更好地利用甜菜根的好处。除了女生，运动员也是非常建议。怪不得近年来欧美运动员都通过饮用生机甜菜根汁的方式来提高血液携氧能力！

【"不开火"的料理招数】

甜菜根苹果沙拉：苹果和甜菜根用冷水洗净后切 6cm 长的细丝，加入苹果醋和海盐，浸渍 5～10 分钟；然后淋上柠檬汁和橄榄油，撒一点切碎的苹果、薄荷叶即可。

糙米 BROWN RICE

紫苏，菜卷菜，更健康

【关乎口味】

说起来，紫苏的味道说香也香，说怪也怪。我在根本不知道怎么吃紫苏的时候就直接用它来当薄饼卷蔬菜了。在夏天这样吃，真的很应景，因为紫苏可以帮助我们消暑。后来我才知道，在不加热食材的料理中，紫苏经常用来做手卷，或者和海苔一起做成像寿司一样的包饭。只要和酱汁搭配好，是很好吃的。韩国烤肉里经常用到的香草就是它，它既可以用来给肉类提香，也可以用来给蔬食提香，因此也特别适合韩式口味的酱料。

【也关乎营养】

紫苏特别漂亮，通常一面是绿色，一面是紫色，这代表着它具有绿色和紫色两大系列的植化素。绿色植化素群含有吲哚、麸胱甘肽、类胡萝卜，帮助我们预防癌症、强化骨骼和牙齿、维持视力健康；紫色植化素群含有花青素，可以帮助我们抗老化、维持记忆力、抗自由基。但是，这些明亮的植化素往往怕高温的处理，也会在煮制过程中随水流失，所以生机吃法（还可以凉拌）可以让身体得到更多的滋养。

【"不开火"的料理招数】

适合紫苏手卷的坚果包饭酱：秀珍菇 1 杯切碎、生核桃 5～6 颗切碎，混合大酱 1 大匙、韩式辣椒酱 1 大匙、水 2 匙、柠檬汁 1 大匙、龙舌兰糖浆 1 小匙，静置 10 分钟即可。

奇亚籽，高温烘烤不科学

【关乎口味】

其实奇亚籽的营养担当大过口味。不过，它在料理中起到的作用也不可小觑。奇亚籽和亚麻籽只要浸泡在水中就可以产生黏性，经常被用来增加料理的黏性和湿度。比如泡在果汁中做奇亚籽布丁，或者提前与水混合 10 分钟在烘焙中起到代替鸡蛋的作用。在生食料理中，奇亚籽用途挺广泛，将它泡在坚果奶中，口感可以变得像布丁一样（近似浓稠的西米露甜品）；打碎以后可以用来制作干燥点心；还可以加入生机汉堡排里取代面粉！

【也关乎营养】

奇亚籽是营养丰富、未经加工的全食物。因富含 Omega-3 脂肪酸而占据超级食物中的重要位置，这个优点是非常重要的。现代饮食的油脂工业导致如今我们的身体中多不饱和脂肪酸的 Omega-3 系列和 Omega-6 系列比例严重失调，这是导致身体慢性发炎以及一些严重疾病的一个主要原因。关于 Omega-3 脂肪酸的摄入，并不是很容易，因为它具有高不饱和程度的优点，反之来看就有极不稳定、怕高温的缺陷。如果能善用奇亚籽，不把它送入烤箱高温烘焙，我们便可以得到比鱼类来源更环保和更安全的 Omega-3 脂肪酸。所以我会在平时打 Smoothie 的时候加一匙奇亚籽，这样的习惯可以不费时费力地补充优质多不饱和脂肪酸。

【"不开火"的料理招数】

巧克力奇亚籽布丁：香蕉 2 根 + 生核桃 4 颗 +1 杯水 + 生可可粉 1 大匙，一起打成 Smoothie 液体，然后加入 3 大匙奇亚籽，放入冰箱冷藏 1 天，使其充分浸泡，呈现 Q 弹的果冻状。然后盛入器皿，用果干、坚果、椰子粉装饰即可（另外，用杏仁奶来泡奇亚籽很不错哦）。

孢子甘蓝：植化素小王子

【关乎口味】

老实说，孢子甘蓝在口味上一直不被看好。但是在前几天，我的小侄子（3岁多，神奇味蕾，专注生吃蔬菜）的母亲问我："孢子甘蓝可以生吃吗？"我说："可以呀，但是不好吃。"她说："他就喜欢吃。"这个迷你的卷心菜君，和它的家族一样，因为具有特殊的植化素成分而呈现微苦的口感。我忽然想起一个料理心得：如果你不喜欢吃哪种蔬菜，就把它切得碎碎的。于是因为小侄子的启发，加上孢子甘蓝特别的营养贡献（后面会说），我把它们切成了细细的丝，放在有浓郁腰果酱的沙拉里，当它被浸润在浓稠的酱汁中时，味道还是不错的。

【也关乎营养】

关于孢子甘蓝的营养价值，对我来说，虽然时隔好几年但是记忆犹新。在一次学习食物营养的课程上，从老师给出的营养素对比表格中可以看出，孢子甘蓝将B族维生素和很多种植化素集于一身，榜上有名。并且这些营养素的含量普遍高于卷心菜。另外，"卷心菜生汁"被称作"厨房中的胃药"，孢子甘蓝含有维生素U和维生素K，同样具有这样的好处，能够帮助我们修复胃黏膜，改善胃溃疡。既然卷心菜一定要生吃才有食物疗效，那么对待更出色的孢子甘蓝，就更应该呵护它的营养价值！

【"不开火"的料理招数】

富含维生素B_{12}的孢子甘蓝泡菜：孢子甘蓝大约20个，切一半，把叶子撕散开，撒入1大匙盐，用手按摩均匀，然后放置1小时让它出水；蒸熟的1小根胡萝卜加5瓣蒜、1根红辣椒、2小块辣腐乳和50ml水放入料理机打成比较稠的液体；孢子甘蓝控去多余的水，拌入制作好的酱汁，加1个柠檬挤出的汁，放入消毒过的密封罐静置1～2天，然后就可以放入冰箱冷藏了。随时可以拿出作为配菜来吃，酸甜开胃。

生活中还有很多不必开火加热就可以得到的美味，要靠我们去品尝和发现。如果你是一个关注身体健康、喜爱自然食材，又特别爱探索的吃客，就快快启动，用大自然的温度来料理吧！

— ◯ 尝一口未来

一饭一蔬的光辉
用 Macrobiotic 料理饭菜和人生

编辑 / 张小马
文 / 汤玉娇

汤玉娇，森系健康料理创始人，美食达人，31 岁跨界成为厨师，曾在日本学习风靡全球的 Macrobiotic，提倡遵循大自然的规律，尊重将生命贡献给人类的食材，通过正确地对待食物，与大自然和谐相处，让世界真正和平。

石塚左玄在他所著《化学的食养长寿论》一书中写道：
"人如其食，即指吃进嘴里的食物能使人长大，也能使人变小；能使人发胖，也能使人变瘦；能使人长寿，也能使人早逝。不仅如此，食物能软化人心，使之变得高尚、肃静、温和、优雅，它也能硬化人的心肠，使之变得粗俗、嘈杂、固执、卑屈。"

如此看来，食物是塑造我们，甚至是塑造我们内心的关键。所以，在什么时候用什么样的烹饪方法吃什么样的食物，就显得非常重要了。

糙米 BROWN RICE

什么是 Macrobiotic？

Macrobiotic（自然饮食法或长寿饮食法）的理念最早起源于石塚左玄（1851-1909）所提倡的"食物养生法"，一般简缩为"食养"。石塚左玄出生在日本江户末期，活跃于明治时期，是出生于福井县的医师和药剂师，也是当时日本陆军药剂监督，是日本首位将"食养"一词写进书籍，提倡重视"食物"和"食养"的人物。

20世纪初，身患结核病的樱沢如一（George Ohsawa，1893-1966）在绝望中邂逅了改变他命运的《化学的食养长寿论》一书。恢复健康后的樱沢如一切身体会到了"食养"的益处与重要性，从此毕生致力于食养疗法的普及活动。

樱沢如一在继承了石塚左玄的"食养"这一理念的基础上，加入东方的《易经》思想，确立了"无双原理"，就此创立了Macrobiotic。他定义的健康饮食包含七个标准：精力充沛、食欲良好、睡眠正常、记忆力上佳、幽默风趣、知行精准，以及感恩之心。樱沢如一常常游走于西方世界，于20世纪中期将Macrobiotic的理念介绍到法国，并在世界范围内得以推广。

那么什么是Macrobiotic呢？很简单，就是通过食物来调整我们的身体状态，有点像"食物疗法"，跟中国唐代《黄帝内经》中提出的"药食同源"不谋而合。

"Macro"有巨大的、全体的意思；"bio"意指生命；"tic"代表方法、学问。是一种以宏观的观点来掌握生命，用顺应自然的规律得以生存的生活方式。而在Macrobiotic的理论基础之上，很多素食者则是用此理论来践行素食饮食方式，这被称为"Macrobiotic Vegan"，从而让自己更加健康，达到身心平衡。

听起来也许很玄妙，但应用起来非常简单。只需要见习20个字来生活即可——谷物蔬菜、身土不二、一物全体、阴阳调和、顺应自然。

尝一口未来

一

谷物蔬菜

所有的生物都有各自所应该食用的食物。从生物学的角度来考虑，以谷物为主的饮食生活是最适合人类的。牙齿的形状、肠胃的蠕动状况，决定了我们必将以米、麦、小米、黏小米、高粱、荞麦等作为主食，配以适量的蔬菜、海藻、水果、菌菇等。

根据人的牙齿，臼齿20颗，具有磨碎谷类等食物的功能；门齿8颗、犬齿4颗，具有咀嚼水果、蔬菜等食物的功能。所以，由此决定了谷类（五谷杂粮）与蔬藻（蔬菜、菇类、藻类）在我们的餐盘中所占的比例是5:3。

这和我们平常的习惯不同，菜太咸才会拌一口饭吃，甚至是为了减肥而不吃饭，而实际上我们所说的"吃饭"，主要是指吃五谷杂粮，而后配合一些蔬菜帮助消化。蔬菜是人体的消化剂和调整剂，可让谷物的力量最大限度得以发挥，有助于提高身体的血液质量。

很多人会有质疑，没有肉蛋奶的饮食还可以获取充足的蛋白质吗？那我们首先要知道的是，我们需要多少蛋白质。成年男性，每天需要约50g，成年女性需要约40g，而蛋白质含量最高的是高野豆腐（类似于国内的豆干、冻豆腐）并非肉蛋奶，而我们日常中所吃的蔬菜和五谷中也是蕴含蛋白质的。所以，即便不食用肉蛋奶，我们的蛋白质也不会缺乏。

二

身土不二

一方水土养一方人，"身体"和"土地（环境）"是无法分割、息息相关的。俗话说"入乡随俗"，其基本精神就是要顺从适合当地环境的饮食习惯。进食当地的谷物和应季蔬菜，使得身体与大地、水、大气等自然环境中所有的物质相调和，才能更接近健康的状态。

比如：即便番茄对身体再好，也不要每天拼命吃，更不要出现在冬天的料理当中。身处南方相比身处北方，更适合吃米、米饭、米糕等，身处北方更适合吃麦、面条、面包、包子等，而这并不是说在南方出生还是北方出生，而是人目前身处的位置，这也正是"入乡随俗"的意思。当然也要依个体的不同，考虑自身的体质。

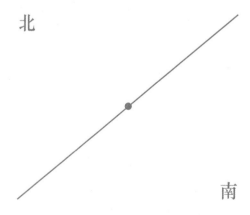

糙米 BROWN RICE

㊂ 一物全体

所有的食材都是有生命的完整体。无论是它的皮、须根，甚至是苦涩的味道，都是自然的无法分割的部分，在料理过程中不能丢弃，要一起进食。

以谷物举例，大米的全食（Whole Food）是带米糠和胚芽的糙米，谷物具有强大的生命力，即使在贫瘠的土地上也可以生长发育，其所具有的特质可以温暖我们的身体，维持我们的健康。谷物是整壳的种子，每一粒都是可以连壳带仁一起吃的。因为每颗种子都会发芽、生根、长茎、开花、结果。糙米浸泡是可以发芽再生长的有生命力的米。白米则不能，它是"死去"的米。

㊃ 阴阳调和

"阳"表现的是收缩性能量（向心力），而"阴"表现的则是扩散性能量（离心力）。在 Macrobiotic 的理念中，以阴阳为尺度来衡量世间万物和生活状态食物的阴阳，平衡，这是一种宏观的饮食方式，也是相对的。

比如男人相对女人是阳性，女人相对男人是阴性；比如牛蒡是根茎类食材里最阳性的，而和根茎类相比大部分绿叶菜偏阴性；而阴阳没有好坏之分，重要的是根据每个人自身的状况和所处的环境，让身体平衡。

㊄ 顺应自然

以自然之道，养自然之身。积极遵循、配合、尊重自然的规律，顺应天地四时的变化，顺应宇宙磁场的运行轨迹，顺应事态的发生发展，保持心态的平衡。

Macrobiotic 不是要让人们都严格地用秤来称量克数吃饭，不是让人们看见一桌菜就开始计算卡路里，而是要学会倾听自己身体和内心的需要。所以学会方法，找到适合自己身心的饮食方式，是非常重要的。就像疾病也是我们身体的一部分，甚至也要学会与它和谐相处。时刻保持愉悦的心情也是我们健康至关重要的一个因素。

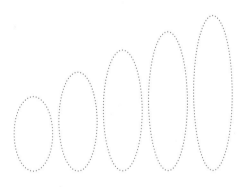

尝一口未来

INTERVIEW
对话达人

你认为 Macrobiotic 最根本的理念是在传达什么？
记得我第一次上初级课程的时候，我看到课程表，头脑里就蹦出"如此简单的料理，这还需要学吗？"。当我上完初级课程后才明白，Macrobiotic 不仅体现在对待食物的方式上，更是教人懂得感恩和尊重食物。比如我们切洋葱时通常都会流眼泪，那是因为我们没有顺着它的纤维切，而如果我们顺应它的自然规律，我们也就不会流眼泪。

■ 糙米
□ 汤玉娇

这么神奇！那在如何处理日常的食材方面，能不能再举一些"神奇"的例子？
像我们日常扔掉的一些食材，其实在我们生病的时候都会吃回来。大家在挑选莲藕的时候，通常都会把藕节掰掉，然而在雾霾严重的环境里，藕节汤是最能缓解嗓子疼痛感的。再比如，西瓜皮就是西瓜霜的原料；玉米糠就是木糖醇的原料，用它来煮高汤，味道非常的清甜，天天喝还可以预防蛀牙；柠檬皮富含的圣草次苷是果肉的 20 倍，而圣草次苷是一种多酚，可以维持血管功能正常并抑制动脉硬化和胆固醇堆积；毛豆荚含有丰富的 β 胡萝卜素，可以防止老化并维护皮肤、头发和指甲的健康……

但其实很多时候我们还是会自然而然地把一些食材的皮去掉，如果这么说的话，我们不应该去皮吗？
当然一物全体的前提是，我们要选择有机的食材。比如，烹饪白萝卜的时候，皮不应该被削掉，它含有一种芥子酶的酶素，具有抑制癌症的作用；萝卜的根部（上段）含有丰富的维生素 C 和淀粉消化酶，含有辣味成分，有预防坏血病、解热、利尿、促进消化等作用，适合做汤食用；中段适合蒸煮做菜，下段清香爽脆，适合凉拌；而萝卜叶子也会晒干使用，对各种妇科疾病、泌尿器官的疾病以及皮肤病有一定功效。

Macrobiotic 可以帮助人减肥吗？
我可以和大家分享一个一百年前健康瘦身的方式，非常简单还不花一分钱，也不用大汗淋漓地运动，消耗我们的本元。只需要每一口饭咀嚼 50 下！这可以按照年龄来计算咀嚼的次数，比如 18 岁就每口咀嚼 18 下，60 岁就每口咀嚼 60 下。因为人的口腔分泌淀粉酶，可以帮助食物的消化，同时，放慢进食的速度，可以让你的身体能够有时间告诉你的交感神经，你已经吃饱了！

Macrobiotic 带给你最切身的感受是什么？
在日本学习的时候，每一阶段课程结束，我们都会分享自己的收获，这个时候很多同学都会不自觉地流下眼泪，因为他们在尊重食物、大自然的同时，认识到自己对家人的尊重不够，不该心情不好就责怪孩子，又或者没有认真照料家人的饮食，自己处理问题上总带有私心……

这也让我懂得，Macrobiotic 不仅仅在教我们做料理的方法，更重要的是教我们如何料理自己的人生。如果每个人都能懂得尊重、感恩，利他，这个世界也将恢复到宇宙的秩序，试问怎么还会有战争呢？

食养建长汁

食谱来自野口清美

野口清美，土生土长的京都人，是两男一女三个孩子的母亲，出版过《安心生产与育子》一书。于20世纪80年代中期进入到了Macrobiotic的世界，师从Macrobiotic创始人樱泽如一老先生的直系弟子。在学习了相关理论和料理法后，在日本全国各地热心地普及该理念。同时，作为"糙米饮食"的顾问，对泉新学园晴美台幼儿园的午餐进行各项指导。

- 牛蒡 / 30g
- 莲藕 / 30g
- 胡萝卜 / 30g
- 高汤用昆布 / 5cm
- 萝卜 / 100g
- 芋头 / 200 g
- 魔芋 / 小 1/3
- 干香菇 / 1大朵
- 高野豆腐 / 1大块
- 葱 / 少许
- 油 / 1小匙 (5ml)
- 酱油 / 适量
- 盐 / 适量
- 梅醋 / 适量
- 生姜 / 少许
- 纯葛根粉 / 2大匙(30ml)

【1】用刀把芋头的皮刮去、洗净，切成适当厚度的小块，放入沥水篮里，撒上盐。静置30分钟，不洗，然后放入锅中。

【2】拍打魔芋两面，洗净后用指尖撕成小块。用淡盐水煮至沸腾，除去魔芋特有的石膏味。昆布切丝。

【3】高野豆腐和干香菇泡开后切成适当的小块。葱的根须切成末，牛蒡削成片，萝卜切成略厚的扇形状，胡萝卜切成略薄的扇形片，莲藕也切成扇形薄片。

【4】开中火把锅加热，倒入适量芝麻油，放入牛蒡略炒后洒入少量的梅醋，盖上盖子蒸煮。待牛蒡煮香（将土腥味煮掉）后，将所有食材放入锅里，继续蒸煮。

【5】加水后开大火煮开，沸腾后转小火将食材煮软。调味，太淡的话加点盐。食材都煮入味后，倒入适量的酱油调香，然后倒入事先用水调开的葛根粉。出锅以前再一次调味，洒上生姜汁，配上葱花即可。

杂煮蔬菜

食谱来自岛田弘子

岛田弘子，营养师、厨师、中医药膳营养师，甲南女子大学家政科食物营养学科毕业，大阪阿倍野辻料理专科学校毕业，法国蓝带国际餐旅学院（LE CORDON BLEU）蓝带料理文凭。辻料理专科学校毕业后，曾在日本有名的"土井胜家庭料理研究社"从事料理教育工作，并参与了NHK《今日的料理》等节目的制作，以及相关书籍的料理制作。

- 牛蒡 / 90g
- 干香菇（小）/ 3朵
- 昆布 / 适量
- 莲藕 / 100g
- 芋头 / 200g
- 萝卜 / 120g
- 胡萝卜 / 90g
- 魔芋 / 120g
- 银杏 / 6粒
- 荷兰豆 / 适量
- 水 / 2.5杯
- 油、盐、酱油、梅醋 / 适量

【1】蔬菜根据特性切成适当大小；牛蒡斜切成片，萝卜、莲藕、胡萝卜切成滚刀块。

【2】香菇用水发好（汁水留取备用），切成扇形状。用湿布擦去昆布表面的灰尘，切成细长条后打成结。魔芋用盐揉搓后打成缰绳状，煮好备用。芋头去皮，撒上盐静置。

【3】热锅上油，炒牛蒡，用少许梅醋蒸煮。随后放入魔芋、香菇、莲藕、芋头、萝卜、胡萝卜、昆布，炒匀后加少许盐再次蒸煮。

【4】加水（包括泡发香菇的水在内），开大火烧至沸腾，用盐和酱油调味，开小火煮入味，待汤汁剩至1/3左右时关火，冷却。

【5】装盘，点缀上煮熟的银杏和荷兰豆即可。

糙米 BROWN RICE

BIG
V E G S

....
人物专访

Pietro Leemann

Rolf Hiltl

James Corwell

David Valentin

尹慧观

素食米其林大厨的人生哲学

专访世界首家米其林星级素食餐厅 Joia 主厨皮埃特罗·里蒙

编辑 / 张小马
采访 & 文 / 一晗

糙米 BROWN RICE

Joia-Chef - Pietro Leemann

因一口甜点而步入料理之路，师从米其林三星名厨葛提耶洛·玛切希（Gualtiero Marchesi），由于不满足于欧洲的传统料理，又前往东方世界展开美食与自我的探索之旅。于1989年在意大利米兰创办素食餐厅Joia，随后几年便摘得米其林一星殊荣，成为世界第一家获得米其林肯定的素食餐厅，掀起了美食界的一股巨浪。主厨里蒙说："素食料理是无法抵挡的潮流"，现在，全世界都在看着他的行动。

> 尝一口未来

找到未来的方向

皮埃特罗·里蒙（Pietro Leemann）1961 年出生在瑞士的一个小镇里。14 岁时的一天，父亲邀请了一位名厨好友来家里做客，当小里蒙第一口尝到这位名厨做的甜点的那一瞬间，整个感官便都随之融化进了嘴里，自此他决定也要成为一名厨师。

18 岁时，里蒙得到了在卢加诺一家传统意式餐厅的打工机会，随后的三年中他不停辗转去各地学习传统意式与法式菜系。这期间他发现，内心渐渐对这种基于奶酪与肉类的菜系感到厌倦，因为要尝试菜品，他不得不强迫自己进食。

23 岁时，他接触到了"新派料理"（Nouvelle Cuisine），这种料理方式于 20 世纪 80 年代开始在法国风靡，提倡用更健康轻盈的方式取代传统厚油煎煮。当时，"新派料理"在瑞士也最为出名，里蒙深受影响，一年后他便搬到日内瓦学习。由于自小对哲学和宗教历史文化深感兴趣，他还报名成为日内瓦大学心理学与哲学专业的旁听生，在不断的思考和自我求索中，他渐渐找到了未来的方向：做与文化结合的料理，并用素食把世界变得更美好。

糙米 BROWN RICE

1996
1989
1985

东方发现之旅

很多人在 20 ～ 30 岁间都经历过"青年危机"这一阶段，常常感到来自四面八方的压力，并对自己的生活开始产生怀疑，这对于 25 岁的里蒙也是一样。

欧洲一成不变的生活和那些他熟知的西方料理食材，让里蒙感到自己正处在一个瓶颈之中，他需要接触这个世界上更多的饮食文化，才能创造更新颖的、更独特的料理。于是他做出了一个大胆决定——去中国！

1985 年，里蒙第一次抵达中国，那时的中国刚刚度过了改革开放后的第一个五年，一切都还在懵懂地探索发展着。对于那个从小生活在欧洲的里蒙来说，眼前的一切都是具有冲击性的，语言不通、环境不熟——生活要从零开始。

在朋友帮助下，他才渐渐融入了中国的生活，从学习中文到做中国菜，继而跟着当地人练习太极拳，体验中国文化与中国的哲学思想……这期间，他慢慢了解到东方文化衍生下，中国别具一格的素食料理。"蔬食竟可以通过不同的配比与酱料混搭，乔装成和肉类几乎一致的味道。"他开始思索，这样有趣的方式也许可以结合到欧洲菜系上。

随后一年中，里蒙得到了日本烹饪学校的工作机会，他得以与更多不同文化背景的厨师交流烹饪技法。更重要的是，这种交流使他能够更深入体验欧洲思想与东方哲学上的区别，他完全沉浸在这种跨文化的冲击中，并对自己的料理也有了全新的看法。

Joia

世界首家素食米其林餐厅

糙米 BROWN RICE

Michelin starred restaurants

东方世界的一切让里蒙恋恋不舍，但他最终还是决心回到欧洲继续发展。

1989年，在意大利这个以熏肉与奶酪为主产的国家里，一群素食朋友找到里蒙，开创性地提出创办高品质素食餐厅的想法。就这样，Joia 餐厅在米兰诞生了。餐厅名字取自英文"Joy"及意大利文"Gioia"，二者都表达了欢愉的意思，里蒙希望能通过料理，让用餐变成一件很愉悦的事情。

然而在餐厅缓慢步入正轨的几年时间里，最初一起创业的朋友因为种种原因一个接一个地离开，最后只剩下了里蒙一人在背后支撑着餐厅的里里外外。但他依然不断挑战与创新，用自己的创作向食客证明，素食也可以变幻出一个多彩曼妙的世界。

1996年，Joia 餐厅一举摘得米其林一星评级，越来越多的人因为欣赏里蒙的理念慕名前来，更有很多人在尝试完所有料理后才惊讶地发现，这竟然是一家素食餐厅！

从初创到如今近30年里，里蒙在 Joia 的每一季菜单中都坚持设计基于当季有机食材的料理。他相信食物本身是一种良药，正确的搭配可以给人带来健康和积极的能量，更是对自然的尊重与回馈。

"我渐渐发现，味觉和嗅觉总是能轻易地连接到回忆，一个味道、一种香气，有时就像有魔力一般，把你瞬间拉回到那个当下。"在 Joia 餐厅的料理中，里蒙尝试着运用色彩、纹理与味觉体验配合来创作，并把菜单中每一道菜的名字都取成一个有诗意的故事，"夏日与禅意、"五分钟"、"天堂之门"……一个个给人留下无限遐想，这样先锋派的举动也成为了 Joia 餐厅的独特招牌。

经历了多年的发展、里蒙渐渐奠定了餐厅菜系的法则：在意大利菜系的基础上，运用不同味觉层次进行食材搭配。而在亚洲的经历也使他更加注重文化交流，他还专门邀请几位亚洲主厨加入 Joia 的创作团队。不仅如此，他更是把摆盘艺术、餐厅环境等方面与自然派的哲学思想结合，营造出自内而外的平和世界。

　　Joia 餐厅的发展史可以说代表了欧洲素食运动的历史，人们从害怕被人嘲笑贫穷而排斥素食，到现在更多地接受健康理念而转为素食。如今在米兰，大街小巷设立起越来越多的有机食品商店，任何一家超市都可以轻易找到素食者专柜。里蒙也渐渐从中看到了新的发展方向："我们如今生活在一个文化冲击的大时代，我们既是独立的个体又是相互影响的整体。每个人都有体验不同生活方式的机会，也有选择决策的自由。我想 Joia 的存在，并不是用素食来区分群体，而是给人们多提供一种不一样的选择。"

尝一口未来

访

Interview

从创办 Joia 到现在，你觉得最大的挑战是什么？

刚开业的时候，很多人觉得我们疯了，因为那时米兰的素食人群的确很少，很多餐厅都会自动把我们区分开来，纵使我们也是在做高品质的料理。然而通过这些年的坚持，我们也看到了素食文化的发展，现在我们可以和其他餐厅站在同级相比较，Joia 不仅是意大利最好的素食餐厅，而且还是全意大利前 20 家最好的餐厅之一。越来越多的同行们也开始尝试烹饪素食料理，这是非常好的事情。

当你遇到人们不理解素食的时候会怎么办呢？

我觉得面对人们的不理解，最重要的不是与他们抗争，而是接受他们并专注做自己。这些年 Joia 用料理来积极地与人们交流，并一点点让人们信服。我们确实在做对社会有益、对人们健康有益的事情。

那么你到底是为什么吃素的呢？

在最开始尝试素食时，我只是单纯地为了身体健康、保护环境和动物。而真正去深入思考这个问题，还是我在亚洲的那两年里，那时我对东方国家的宗教文化深感兴趣，并且渐渐了解到素食可以更好地帮助人静心冥想。选择素食是人类文明进化的一种表现，是人类开始用更尊重的态度来对待自己和其他生命，我觉得这种改变是有利于社会发展的。

看来亚洲的生活的确影响了你很多，还有什么不一样的收获吗？

欧洲的素食历史只有百年，但在亚洲，无论中国、印度或日本，都有上千年的素食文化。我在那里发现一件很有趣的事情，亚洲菜系非常注重料理质地的体现，这在欧洲是从没有过的。所以我尝试着把这种质地感带入我的料理中，并与味觉体验结合起来。

你还在欧洲出版过一本基于中国古代诗人袁枚《随园食单》的批注的书，中国的饮食对你有什么启发？

我为中国古代的烹饪技法而叹服，它对于东方厨师是传统的，但对于西方人来讲是完全创新的理念。而食物是一种交流方式，它可以让人聚在一起，无论你我处于何种国籍、文化之中，我很乐意为更多的欧洲人来介绍这种不一样的饮食文化，让他们更加了解东方。如今我们生活在一个文化交流的时代，每个人可以有自己的选择，也意味着我们需要互相帮助、互相学习。

可以感觉到，你对哲学也很感兴趣，所以一些哲学思想有没有影响到你的料理呢？

确实有很深的影响，每一天我也都在学习中。哲学让我学会思考和反省，让我更深入地认识自己，发现自己与外界的联系。对于料理也是一样，我总对别人说：我们吃什么就会成为什么，我们决定吃什么改变了我们，一个人自主做出决定，成为素食者，他的这个决定就彻底改变了他的生活方式。我们跟随自己的内心做出这样的选择，没有外界的压迫或影响，我觉得在这样的自由下，我们是真正快乐着的。

Joia 在未来有什么计划吗？

我们想建立一个农场。虽然现在我们已经可以用一些自己菜园的菜来供应餐厅，但我们想运用自然农耕法来建一个更大的农场，我想这也是给其他餐厅树立的一个榜样。无论在哪儿，现代人与自然的联系越来越少，越来越物质化，我们应该回到田园中，因为生命最重要的依然是接近自然，接近自然才能接近我们自己。

内心风景 Inner Landscape

食谱

- 荞麦粉 / 300g
- 蔬菜汤 / 200g
- 土豆 / 100g
- 橘皮 / 2g
- 胡萝卜 / 1根
- 鲜香菇 / 8朵
- 鲜姜 / 20g
- 豆浆 / 20g
- 细香葱 / 20g
- 沸水 / 160g
- 马铃薯粉 / 42g
- 西葫芦 / 1个
- 圣女果 / 8颗
- 香芹叶碎 / 1片
- 橄榄油 / 20g
- 盐 / 适量

> 这是我与餐厅的日籍厨师 Masa 一同开发的一道菜品。在这道菜中，Masa 用当地生长的荞麦诠释了日本饮食文化的精髓，也是意式与日式料理的完美结合。它的味道既复杂又清新，呈现出一个迷人的味觉世界。

【1】
蔬菜汤与 6g 马铃薯粉混合，小火煮成浓汤。姜切成小块腌浸在橄榄油中，切碎细香葱备用。

【2】
把土豆放入锅中煮沸，捣烂它们并加入 35g 马铃薯粉和橘皮。把它们捏成小球，并在加盐的沸水中滚烫 1 分钟左右，随后在不粘锅上快速烤烫一下盛出。

【3】
把胡萝卜和西葫芦切成同等大小的长条，在热平底锅中烤 3 分钟（不加油），使其呈金黄色后盛出备用；用一点橄榄油和盐焙烤鲜香菇备用。

【4】
把圣女果放在沸水中烫几秒中褪皮，盛出后在表面撒一点盐，放入烤箱 80℃环境下慢慢焙烤 1 小时；把豆浆和 1g 马铃薯粉混合成为芡汁备用。

【5】
混合荞麦粉与沸水，揉搓 5 分钟左右后再静置 5 分钟。之后把荞麦面团擀成 3mm 厚度，用模具切成小圆片；把切好的荞麦片放在加盐的沸水里滚烫 4 分钟后盛出。

【6】
把荞麦、香菇、蔬菜、马铃薯球放在盘中，装饰上准备好的姜和细香葱、香芹叶碎，浇入蔬菜浓汤，最后加上几滴豆浆芡汁。

糙米 BROWN RICE

百年老店的新血液
专访 Hiltl 餐厅第四代传人罗尔夫·希尔特

编辑 / 张小马
采访 & 文 / 一晗

在苏黎世利马特河畔往西 500 米，中央火车站向南一公里的繁华闹市中，有一栋位于路口交界处的典型瑞士建筑，这便是有着百年历史的 Haus Hiltl——被"吉尼斯世界纪录"所记载的世界首家素食餐厅。

在一个世纪以前，这个位置还是田林环绕的隐蔽郊区。百年来城市的变革发展使这家餐厅渐渐融入都市，成为中心城区的一景。这一切的革新却也恰如 Hiltl 的地位在历史洪流中的变化，从被人嗤之以鼻到成为新潮流生活方式的代表。一百年、四代人，勇于冒险创新的 Hiltl 家族用坚持向世界证明了素食的最大潜能。

155

历史传承

这一切的开端源于 19 世纪末,一位名叫安布罗修斯·希尔特(Ambrosious Hiltl)的德国裁缝,由于长期奔走于欧洲各国寻找定制业务,他不幸患上了风湿,不曾想过素食的他却被医生告知如果再继续食用肉制品只会加速恶化病情。将信将疑,他托朋友找到当时苏黎世郊区一家被称为"素食者与戒烟酒之家"的特殊餐厅,开始坚持在那里用餐。结果出乎意料,全植物性饮食完全治愈了他的风湿。但在他因为自己的病情消失而兴奋不已之时,全身心支持素食理念之际,餐厅却因为与社会的不融合陷入了入不敷出的危机状态。

这位富有冒险精神,不甘失败的老裁缝毅然接管了餐厅。当时的人们都在纷纷议论:一个外国疯子裁缝买下了一家被人嘲讽的"啃草"餐厅!然而面对人们的不理解和惨淡的市场,老裁缝创新地把自己的主治医师请来合作,带领各种病人在餐厅进行无肉食疗,这便形成了 Hiltl 早期的素食料理。

老裁缝过世后,第二代传人莱昂哈德·希尔特(Leonhard Hiltl)与妻子玛格丽丝·希尔特(Margrith Hiltl)全然接手了餐厅的传承工作。建筑师出身的莱昂哈德把对建筑与科技的想法带入餐厅改良,Hiltl 成为苏黎世首家拥有全电力运作厨房的餐厅,这在当时的烹饪界成了头条新闻。尽管素食者仍不能被大众接受,勇于尝试的 Hiltl 家族又走出了新的一步。

玛格丽丝发觉,苏黎世开始成为国际游客参访的圣地,餐厅出现了许多远渡而来的印度游客,而每一个再次来到苏黎世的印度人都成了他们的回头客。由于餐厅原本素食菜系的匮乏,受到新客人启发的玛格丽丝决定前往印度,学习其已传承千年的素食料理。带回异域的香料与烹饪方式,她却发现保守的瑞士本地人并不买账,餐厅反倒被越来越多的印籍客人口口相传。然而转机也正因此出现,当时的瑞士航空公司(Swissair)从他们的印度旅客口中听闻了这样一家特别的素食餐厅,他们立即前去与 Hiltl 餐厅商谈合作。时至今日,Hiltl 餐厅依然是唯一一家为瑞航提供素餐的指定餐厅。而玛格丽丝的"混合式异域风情素食料理"也随着国际化的发展越发受到了本土食客的欢迎。

莱昂哈德英年早逝,年仅 22 岁的第三代传人海因茨·希尔特(Heinz Hiltl)在母亲的指导下开始学习打理餐厅的一切。父亲逝世之际恰逢他在酒店管理专业毕业之时,家庭的重任瞬间落在这个初出社会的年轻人身上。在商业方面的训练基础让海因茨清楚地知道餐厅的发展必须要迎合市场,他开始调查思考一个问题:什么样的人,在怎样的时间又是以什么理由来一家素食餐厅用餐。他渐渐发现愿意接受素食的人群大多是在 30 岁以下,而这些像自己一样的年轻食客选择改变饮食方式的原因,竟都是为了追求健美保持身形。深受启发的海因茨对餐厅实施了一系列创新改革,在 1973 年他开设了第一家主打健康饮食的分店"Hiltl Vegi",特别增设了以新鲜沙拉和各种蔬果汁为卖点的简餐楼层。同时他还加入瑞士酒店联盟,充分利用在这个国家迅速崛起的酒店行业,将 Hiltl 独具特色的素食文化与历史推向国际。

糙米 BROWN RICE

转折创新

1998 年，Hiltl 餐厅成立一百年之际，第四代传人罗尔夫（Rolf Hiltl）开始接管餐厅。与父辈相同却也很不同，罗尔夫是个个性鲜明，富有祖辈冒险精神的人，而他内心深深崇尚着美国自由文化，桀骜不驯。尽管很早就对家里的素食企业深感兴趣，罗尔夫却坚决抗拒父辈成功的光环。

刚成年时，罗尔夫选择进入另一家酒店的著名传统法式烹饪课程学习，这也意味着烹饪中主要的食材是鱼类及肉类。虽然常常受到同学对"素食餐厅传承人"这个标签的嘲笑，罗尔夫依然坚持着自己的想法。他热爱传统烹饪方式，并且相信这一切都可以帮助素食料理走向新的高度。结束训练后的罗尔夫先后旅居在瑞士洛桑、法国巴黎以及美国旧金山，他还梦想着在旧金山能有一家自己的餐厅和简餐吧。然而在美国期间，他突然听闻父亲一手打造的"Hiltl Vegi"陷入无新增长的死循环，这个时候的 Hiltl 急需新鲜的思想与血液入注，罗尔夫最终选择回到苏黎世传承家业。

尝一口未来

a: 蔬食自助
b: 店内专设的售卖素肉区域，被称作"蔬菜屠宰场"
c: Hiltl 素食烹饪学院
d: 二楼的小酒馆

"我觉得有时候父亲拿我很没办法，因为我总是变来变去，尝试一些不着边际的事情。"罗尔夫在回忆父亲时话语中含着些许惭愧，"但我不想做大多数的传统欧洲人，尤其是瑞士人，总是那么慢又那么小心翼翼。"他的性格很像年轻一代的美国人，喜欢尝试一切，无论结果失败或是成功，把人生看作游戏，在一次次摔倒受伤中拾得经验。

21世纪初，素食生活方式逐渐发酵为潮流时尚，没有了昔日的文化阻碍，罗尔夫深信如今的市场模式已经发生改变，企业模式必须随之进化。正如父亲海因茨在30年前提出的疑问，罗尔夫再一次提出了新时代背景下同样的问题：什么样的人，在怎样的时间，又是以什么理由来 Hiltl 餐厅呢？然而不同的是，这个在跨国文化环境中长期生活的年轻人用更开放甚至有些激进的思想为 Hiltl 公司开辟了一条独特的发展道路。

罗尔夫发现，来用餐食客的男女比例有明显的不协调，女性顾客往往打扮时尚，而且占到了70%以上的比例。"女性总是比男性更注重自己的外表，跟随潮流风尚，并也因此更愿意去尝试新的东西。"他决定从两方面下手提升餐厅的新用户，一是迎合时尚女性对生活方式追求的趋势，让 Hiltl 的主体概念从"素食餐厅"拓展到"健康文化社区"，开设瑜伽冥想课程、烹饪课程、讲座研讨会等活动，鼓励女性报名参加，他还专门开设了一间针对女性食客的素食简餐吧"PKZ Women"。二是吸引年轻男性顾客的注意，他把年轻一代最为推崇的"酒吧式交流"融入餐厅氛围中，并在室内设计方面营造一种现代都市的时尚感觉。这样的举动无疑使他们在年轻人常接触的媒体上迅速火爆起来。

"越来越多的人遵循着健康却又要时尚乐活的观点，开始成为'业余素食者'，所以我渐渐在餐厅中植入'潮流酒吧文化'。最近我正在准备开设一家素食夜店，让素食文化更深入的与流行文化结合。"就这样，Hiltl 成为了业界标杆，为尝试推动素食文化的人们打开了新的视野。

"说实话，因为植入'酒吧'这个元素，我祖母有半个月没理我……不过也正是因为有了酒吧，才吸引了一大批男性食客，餐厅历代的男女食客比例从没有像现在这样平均过。"罗尔夫开起玩笑来，"目前来看我的选择还是很正确的，关键应该不在酒精，而是这些男食客找到了新的地方能认识女孩子！"

糙米 BROWN RICE

Rolf Hiltl 一家五口

谈起与祖母的关系，他说自己非常敬佩她，也正是因为受到祖母当年引入印度料理的影响，他努力招揽来世界各国、背景不尽相同的厨师，让他们用自己国家历史文化下诞生的料理来尽情创作，让 Hiltl 的食客们可以在一餐中尝试到最多元化的素食料理。

除了关注餐厅每日的客流量变化，罗尔夫在文化推崇上也是做足了工夫。他相信素食要通过整合来发展，无论是结合最新的设计创意，还是与其他同行的交流合作。比如，在持续与瑞士航空的合作中，他们请来设计师设计了一系列有趣的海报来推崇素食文化以及相应的可持续生活方式，并把它们分散装点在各个分店的室内。而在他创立素食烹饪课程之后，他干脆扩大了授课范围，完全开放给其他愿意学习素食料理的同行，将其打造成"Hiltl 烹饪学院"，开源式地与各界厨师分享自家素食菜谱，甚至还出版了 4 本食谱书。

而说到罗尔夫最成功的餐厅扩展行动，就是与 Feri 兄弟合办推出的"tibits 素食自助餐厅"。亲民的价格配合几十种由厨师亲手准备的营养素食菜品，从前菜到正餐到甜点，从传统西式到亚洲料理、美洲料理应有尽有，还搭配外带服务。这一点对于坚持素食却资金有限的更年轻一代食客，或午间愁于没有地方快速解决用餐的素食上班族无疑是天降福利。新颖的模式和极大的客户需求让 tibits 在短短几年内就从苏黎世拓展到了瑞士各个大城市，而第七家 tibits 在伦敦开设，这也正是他们拓展到海外市场的第一站。

罗尔夫的坚持让百年 Hiltl 呈现了完全不一样的新面貌，而罗尔夫相信素食文化的未来不应该仅仅止步于此，这个具有独特视野的领航人正在观望着新的契机与机会。如今的 Hiltl 一家有三个孩子，他们也正是 Hiltl 的未来。

在这个极速发展的社会中，传统家族传承的故事在一代代血脉中闪烁得愈发动人起来，无论是对祖辈的尊重，还是对文化发展的专注已然很难分辨。对 Hiltl 一家来说，虽然素食发展的道路还有很长要走，却有着无尽的可能。

尝一口未来

Interview

访

作为 Hiltl 餐厅的第四代传人，你对餐厅做的第一个改变是什么？

Hiltl 餐厅在一个世纪以前，对外标榜的是"禁欲的素食者之家"。在我于 1993 年接手餐厅的时候，素食文化的整个时代背景已经从这种"英勇的禁欲主义"演化为"最时尚的生活理念"。从这一点出发，我首先认清的事实就是菜单要跟紧时代潮流。所以在我接手餐厅后做的第一件事，就是把一直留在菜单上的老旧"燕麦粥"取消掉了，并添加了一些无论是名字还是卖相都很符合现代食客时尚观念的菜品。

那么现在有哪些菜品最受欢迎呢？

现在餐厅里不仅有 1930 年的经典菜品，还有非常潮流的新式菜系。我们有一道菜叫"Hiltl 鞑靼"（Hiltl Tartar），外表和味道完全和著名的鞑靼牛肉一样，但却是全素的。相比于之前，我们的菜品里增加了很多仿肉菜式，像"蓝带"（Cordon Bleu）、"苏黎世经典奶汁牛柳"（Zürich Geschnetzeltes）和"Hiltl 汉堡"（Hiltl Burger）等。我们也在不断地改进菜品，贴合时代的要求。

这么多菜式的灵感都源自哪里？

我们的灵感来源非常多样化，毕竟餐厅已经有了 120 年的基础，菜单可并不是一天就变成现在这样的。另外一个原因是，我们餐厅的 300 多位员工来自世界 60 多个不同国家，他们为餐厅带来了自己国家与文化背景下最棒的菜式，而且大多数这些菜谱的发源地都是他们自己妈妈或祖母的厨房呢！而且我们的客人也来自世界各地，有时候聊天，他们也会透露一些他们最爱吃的食物的秘诀。

你喜欢吃的菜有哪几个？

我最喜欢的是纯素泰式红咖喱，Hiltl 汉堡和素春卷。

在餐厅经营的过程中，有没有遇到过难忘的顾客？

我们总会有一些特殊或令人难忘的顾客来访，从 20 世纪 60 年代的印度前总理兼财政部长莫拉尔吉·德赛（Moraji Desai），到各界名人都有来过，比如：甲壳虫乐队的保罗·麦卡特尼（Paul McCartney）、滚石乐队的查理·沃茨（Charlie Watts）、歌手蒂娜·特娜（Tina Turner）、艾德·希兰（Ed Sgeeran），F1 方程式赛车手塞巴斯蒂安·维特尔（Sebastian Vettel），网球运动员加布里埃拉·萨巴蒂尼（Gabriela Sabatini），足球名将齐达内（Zinédin Zidane），作家唐娜·莱昂（Donna Leon），导演马克·福斯特（Marc Forster），演员彼得·方达（Peter Fonda），还有扮演蜘蛛侠的托比·马奎尔（Tobey Maguire）……

2015 年有次我和利亚姆·海姆斯沃斯（Liam Hemsworth）一起在餐厅用餐，他点了我们的招牌"Hiltl 汉堡"，并且还自拍了一张和汉堡的合影发布到了 Instagram 上，短短 5 分钟他就收到了上千个赞和上百条留言，有好多女生在下面说，她们好想成为那个汉堡，哈哈。

能得到这么多人的认可，你有着什么样的理念呢？

健康的享受（Healthy Indulgence）——就是遵循素食这种健康的饮食方式，同时还要活得快乐享受。

可是从你开始经营餐厅到现在，不是任何时候都可以"享受"吧？
在1898年餐厅刚创立时可不怎么酷，也很难被别人接受。那时候很多食客因为羞于被别人知道自己吃素，一定要从餐厅后门进来。这样的形势到了20世纪90年代后才有所改变，可能也是因为像疯牛病之类的一些肉食市场的丑闻被频繁曝光。

说实话，我接手时确实比我的父辈们所面对的市场情形好了很多。很感激能赶上这个素食潮流的好时代，所以我在餐厅经营方面的各处都尽全力把握住机会。

你对餐厅的未来有什么计划？
我们的团队所承载的任务就是要打造出一个完全可持续生活方式的可能性，展示给大众。我们现在已经在苏黎世有7家独立的素食餐厅，而且我们还要在苏黎世最潮流的第四街区Langstrasse开设一家素食夜店。除此之外，我们要把tibits素食自助餐厅更多地推向瑞士各地和欧洲各国。我一直还梦想着在五年内的一天，可以在纽约开起一家我们的素食旗舰店！

你对素食的未来有什么看法？人人都会选择吃素吗？
对于我来讲，我们人类拥有自由的意识，应该听从自己的内心和身体的反应，决定去吃或者不吃什么样的食物。我们目前面临的问题不是做什么选择，而是面前摆的东西太多根本看花了眼。我们总是向自然不断索取而不想付出什么，动物没有被像对待人类一样对待，自然界里的生物因为人的贪婪越来越少，我们在逐渐毁掉创造我们的世界。

因此我觉得形成素食文化是拯救这个现象的第一步，是每个人可以通过改变自己日常生活而做到的事情，这也是我们这些越发蓬勃的素食餐厅存在的原因和目的。我很希望在未来，所有人都可以对素食没有偏见，大家可以在一个现代而舒适的环境里享受美食，而不需要以付出动物生命为代价。

餐厅一楼景观

经典瑞士点心 – 纯素火腿可颂 *Ham Croissants*

食谱

馅料部分：
烟熏豆腐（豆干）／ 200g
洋葱（中等大小）／ 1 个
大蒜 ／ 1 瓣
橄榄油 ／ 1 茶匙
欧芹茎 ／ 2 束
纯素奶油 ／ 100g
甜辣椒粉 ／ 1 茶匙
中辣芥末（mustard）／ 1 茶匙
新鲜黑胡椒 ／ 适量
盐 ／ 适量

> 来源于 Hiltl 食谱书《Meat the Green》

面皮部分：
纯素酥面皮 2 小袋（vegan puff pastry sheet，在甜点店可以买到现成做好的面皮）
纯素奶油 2 茶匙

【1】
烤箱预热到 180℃。

【2】
馅料做法：
粗糙地剁碎烟熏豆腐，随后将其用搅拌机搅碎。
在锅中加入橄榄油，把洋葱和大蒜剥皮，并切成碎末，倒入锅里中火煎至金黄（注意不要把蒜煎到棕色，否则味道会发苦）。
洗净欧芹，控干水分并切碎，在一个大碗中混入欧芹、煎好的洋葱和大蒜、豆腐，并加入其他在馅料中需要的食材，按个人口味撒上少许盐和黑胡椒。

【3】
面皮做法：
取出酥面皮并将其展开摊平，切成 30 个 10 厘米边长的等边三角形，并将它们摊放在烤箱纸上，保持每一个三角形都有一个尖角向上。
在每个三角形面皮的底部放上 1 茶匙先前备好的馅料，然后向上轻轻卷起。重复直至包好所有的三角形可颂。

【4】
在每个可颂表面刷上薄薄一层纯素奶油，入烤箱 180℃烤制 25 分钟。

Tips:
不要提前将酥面皮从冰箱中取出，要等到馅料准备好后，否则酥皮会变得非常软，不容易卷出形状。烤制好的可颂面包在冷热情况下都可以食用，开心地享受你的美食吧！

尝一口未来

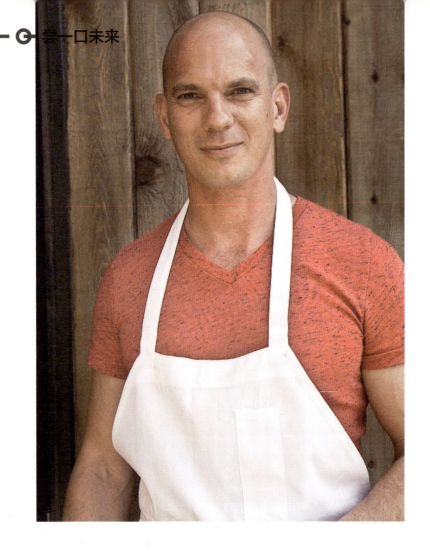

一位烹饪大师的良心和情怀

专访番茄寿司发明者詹姆斯·康威尔

编辑 / 张小马
采访 & 文 /Shuman
特别鸣谢 / 高梓清 及 独角动物 | 年轻一代的生活方式孵化器

番茄寿司（Tomato Sushi）的发明者詹姆斯·康威尔（James Corwell）出生于美国南部乔治亚州的亚特兰大，年幼时的他就对烹饪显露出了兴趣。20 世纪 80 年代后期，年轻的詹姆斯便开始在餐厅工作，几年后即获得了全美的厨艺大奖。在之后近三十年的厨艺生涯中，他曾在多家顶级餐厅任职，也曾在美国烹饪界的最高学府——美国厨艺学院（Culinary Institute of America）担任首席讲师。2004 年，詹姆斯·康威尔被美国厨艺联盟（American Culinary Federation）认证为"厨艺大师"（Master Chef）——这是一项美国厨师所能获得的最高荣誉，目前全美只有 67 人获此殊荣。

毫无疑问，在烹饪领域，詹姆斯如鱼得水。

糙米 BROWN RICE

2007 年，詹姆斯跟随一位客户远渡日本东京，而筑地鱼市是每一个美食家到东京的必经之地。每天凌晨三点起，筑地鱼市就开始人头攒动。在这个世界上最大也最著名的鱼市里，每天都有四百五十多种来自世界各地的鱼和甲壳类海产被买卖交易，重量可达 2000 吨。

在一般人看来，筑地是东京乃至全世界顶级日本料理的功臣，但对于那天早晨的詹姆斯而言，筑地却变成了一个悲伤的时代缩影。在几乎有两个足球场大小的仓库里，地面上密密麻麻摆着的全是金枪鱼，商人们通过按压鱼肉、察看鱼尾的切口来判断一条鱼的质量，几千条金枪鱼被买卖，而同样的场景还在日复一日地发生。

被震惊到的詹姆斯开始思考："海洋里金枪鱼的生长速度能跟得上人类的消费速度吗？人类对地球资源的掠夺是可持续的吗？"答案显而易见——不能。金枪鱼和其他大型鱼类的数量已经锐减了 90%，有些品种甚至濒临灭绝。

对筑地鱼市的拜访彻底改变了詹姆斯对食物的观念，如何研发出能替代海鱼的天然植物性产品从此成了他的工作重心。

在与美国厨艺学院同事们的交流和自己的阅读中，他开始对番茄产生了极大兴趣。激发他灵感的，首先是最直观的感受——番茄是红色的，与金枪鱼肉有相似性。其次是自己作为厨师的经验：他知道成熟的番茄中富含天然谷氨酸，在和其他食材共同烹饪时能产生强烈的鲜味（Umami）——而鲜味是鱼最突出的味觉构成。番茄的鲜味是如此突出，甚至在 20 世纪就有人从番茄中提取味精。红色加鲜味，不起眼的番茄大有成为"植物性海鱼"的潜质。

这些想法让詹姆斯兴奋不已，但怎样才能把番茄制作成金枪鱼片的样子呢？怎样才能让番茄富有金枪鱼片的口感呢？又或者，如何才能去除番茄的独特味道呢？在经过无数次实验后，詹姆斯找到了解决办法。他把番茄去籽去皮之后，加入调料并用真空塑封起来，再经过一个多小时的低温恒温烹煮，番茄果然有了媲美鱼肉的柔韧质地。同时，他添加的调味料被番茄所吸收，使番茄本身的味道变淡，几乎可以忽略不计。

这绝对是一个革命性的突破。

詹姆斯带着他的"番茄金枪鱼"找到了美国专门服务于素食企业的咨询公司植物解决方案（PlantBased Solutions）创始人大卫·本泽齐（David Benzaquen），两人一拍即合，于 2014 年成立了海洋拥抱者食品公司（Ocean Hugger Foods）。其中，Ahimi 是他们的子公司名，意思是"金枪鱼之神"，而番茄寿司（Tomato Sushi）就是他们的拳头产品。Ahimi 的 LOGO 也是非常有趣——一个红彤彤、圆滚滚，还带有绿色叶子的番茄长出了鳍和鱼尾，仿佛是一条鱼在游动。

虽然番茄寿司已经研发了出来，但是作为一位厨艺大师的詹姆斯对自己的产品要求非常严格，他整日待在厨房里一遍遍地改良产品配方和技术，每改一次都要耗费数个月的时间。正是詹姆斯这种精益求精的精神，番茄寿司才有了如此喜人的结果。

在一次举办于旧金山的产品试吃会上，在 100 名试吃者中，96 人对番茄寿司给出了"非常美味"的评价，而另外 4 人说："这是让人难以想象得好吃，简直精彩至极！"在另一场专为日本人举办的试吃会中，寿司专家们无一不被番茄寿司的口感所折服，有几位日本人甚至把詹姆斯"逼到墙角"，强烈要求詹姆斯告诉他们能让番茄实现以假乱真口感的秘诀。

虽然，这与詹姆斯以前在奢侈的顶级餐厅的工作相比更加辛苦，但詹姆斯却展现了一位烹饪大师的责任："一位烹饪大师的工作不仅仅是做出精致的、高级的、美味的食物，他不仅仅是厨房内的领头人，而应该是全社会的表率——告诉大众什么食物是环保的、健康的、可持续的、什么食物是伤害环境或人类自己的。研发一个产品让我能够触及更广泛的人群，这比为达官贵人制作菜肴带来的影响更加深远。"

詹姆斯相信，番茄寿司会有广阔的市场前景，而一想到自己的产品将来会拯救数以万计甚至百万计的金枪鱼，他更是感到无比幸福。詹姆斯认为自己的 Ahimi 公司只是一涓小溪，未来的新食物——高新技术、环保理念和自然美味的结合会像浪潮一样势不可当，他静待自己的小溪融汇到大江大海中的那一天。

Interview
访

你最初接触到素食是在什么时候？

我的第一份工作就是在一家叫做 Rainbow café 的纯素食餐厅里。那是在 1985 年，我对厨艺还很陌生，那里的菜肴美味得令人耳目一新，人们也很友善。当时我对素食就有了很好的印象，虽然我还不是素食者。

后来，我在美国烹饪学院的同事们教了我很多。我发现人并不是非要吃肉的，多谷物、豆类、蔬菜的传统饮食比重肉、蛋、奶的现代饮食更容易使人健康。比如，在印度的传统饮食中，会使用各种豆类及蔬菜，不仅是肉，就连乳制品都很少用到，而这样的饮食方式让印度人健康生存了几千年。

那你又是怎么成为素食者的呢？

我在各种各样的厨房里工作过，需要处理很多肉类。2013 年的某一天，我突然发现我没办法再处理肉食了，把动物鲜血淋漓的肉体加工成精致的菜肴让我痛苦至极，那次之后我决定成为素食者。所以是长期思考加生理厌恶的综合作用吧。

很多大厨仅仅关注烹饪技艺，对于很多关于环境保护、动物保护，甚至伦理道德等问题却经常忽略。那么你对"大厨"有什么定义？

去筑地鱼市是我职业上一个重要的转折点，它把人类对金枪鱼这个物种的贪婪和残酷完全显示在我面前。那个画面在我的脑海中久久萦绕，迫使我思考其背后的环境和资源等问题。所以，我心目中好的大厨会把对环境的影响程度当作自己选择食材的依据。如果一种食材美味，但是数量已经很少，或者生产这种食物耗费了太多资源，那么它就不是一种理想的食材。厨师的职业并不仅仅是做出精致的食物，还应该肩负着引导社会的责任。

糙米 BROWN RICE

你觉得番茄寿司，或者说这种代替肉食的植物性产品会成为人类饮食的趋势吗？
迫于人口迅速增长、有限的耕地、环境承载力和日益枯竭的渔业林业资源，以后肉蛋奶工业的规模会大幅缩小，取代它们的是各种"植物肉蛋奶"。以后也许只有2%的人口能够负担得起真正的动物蛋白。比如现在一个有品质的牛肉汉堡可能售价10美元，你可以天天吃，但是以后说不定售价就要上千美元，能天天吃的人只是位于金字塔尖的少数极富人士。

而98%的人会选择食用各种各样的植物替代品，这是历史的回归。在漫长的人类社会，肉食也是少数贵族富贾能负担的，大多数人以蔬食谷物为主，我觉得这是合理的情况。

那么除了番茄寿司，你还有研发其他产品的计划吗？
我们目前还在研发新产品，比如用胡萝卜模拟熏三文鱼、用茄子模拟鳗鱼……这些都还在试验阶段，希望能早日推出。

我们可能在中国吃到番茄寿司吗？
番茄寿司冷冻储藏的话可以保存两年，因此完全有可能销售到中国去。我们会非常高兴能把这个产品引入中国。

海藻沙拉 Sea Vegetable Slaw

食谱

干裙带菜 / 50g（或其他海藻）
番茄寿司块 / 1.5 杯（可以切成两半）
苦苣或菊苣 / 1 杯
紫菊苣 / 1 杯（切丝）
胡萝卜 / 1/4 杯（切成细丝）
葱 / 3 根（切末）
苹果醋 / 1/4 杯
芝麻油 / 1 大匙
有机酱油 / 4 小匙
麦芽糖浆 / 2 小匙
有机棕糖或黄糖 / 1 大匙
生姜 / 2 小匙（切末）
芝麻籽 / 2 小匙
辣椒粉 / 1/4 小匙

【1】干裙带菜用水浸泡 10 分钟。
【2】把泡好的裙带菜沥干水分，放入大碗中。
【3】加入番茄寿司块，菊苣，紫菊苣，胡萝卜和葱。
【4】把剩余材料倒入一个小罐中，摇晃混合均匀。
【5】把 4 中的酱汁倒入步骤 3 中的沙拉材料中，搅拌均匀即成。

Tips：
紫菊苣可以用其他带淡淡苦味的蔬菜代替。
苹果醋要选用烹饪使用的苹果醋，而不是饮料类苹果醋。

糙米 BROWN RICE

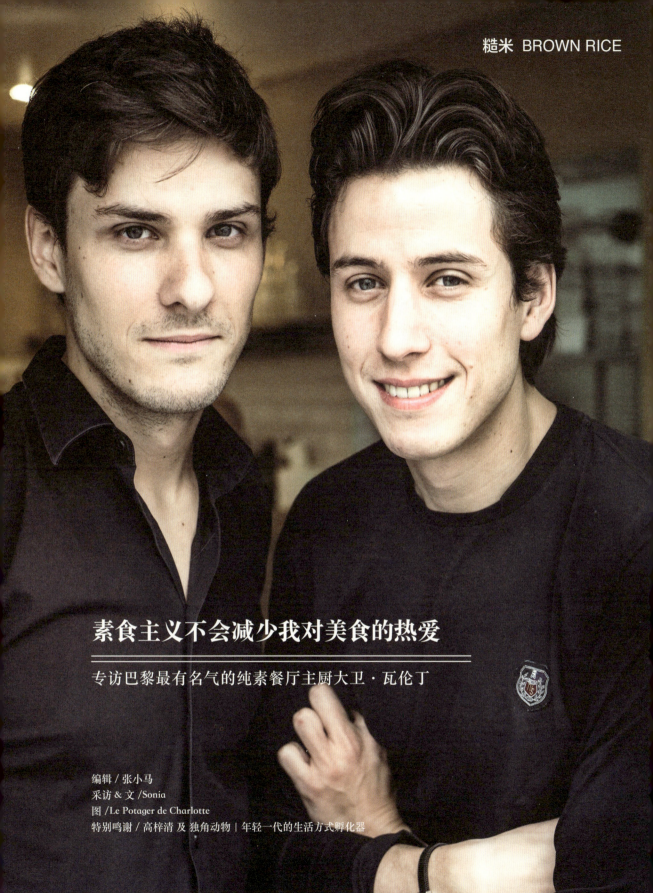

素食主义不会减少我对美食的热爱

专访巴黎最有名气的纯素餐厅主厨大卫·瓦伦丁

编辑 / 张小马
采访 & 文 /Sonia
图 /Le Potager de Charlotte
特别鸣谢 / 高梓清 及 独角动物 | 年轻一代的生活方式孵化器

尝一口未来

在巴黎第九区的深处，有一家傍晚才开始营业的纯素餐厅 Le Potager de Charlotte，主厨大卫（David Valentin）总是亲自为每一张餐桌上点燃一只小蜡烛。餐厅开业时间并不长，却因选用新鲜应季的蔬果展现了法式大餐的精致与细腻而在巴黎赚足了名气。菜品做得用心，主厨长得也帅，获得了过往食客的一致赞美。

与很多拥有天赋的大厨经历一样，小时候的大卫就表现出了对美食及餐饮的热爱。十几岁的时候，大卫没有选择跟随同龄人的升学道路，比起书本上的知识，他更想要了解那些高级餐厅的待客礼仪。于是追随着自己的兴趣爱好，大卫 14 岁开始就在巴黎的各种餐馆中工作。

巴黎是个很繁杂的城市，也是个充满机会和挑战的市场。而幸运的是，大卫在这里积攒了很多经验，也认识了不少朋友。从巴黎街头的小餐馆慢慢到巴黎高级的餐厅和酒店，大卫对餐饮行业的各种经营方式有了深刻的理解，他也深深体会到了一家真正用心的餐厅要带给食客的，绝不仅仅是一盘能填饱肚子的食物那么简单。

于是，一张梦想餐厅的蓝图逐渐在大卫的心中展开。

因为工作的繁忙，大卫与巴黎地铁中低头穿行的人们一样，常常是在超市随便买个三明治充饥，很少静静地停下来想一想应该吃什么，更不愿把宝贵的时间"浪费"在厨房里。

直到有一天，在大学专攻健康营养学的哥哥阿德里安（Adrien Valentin）将素食主义的理念带给了大卫。大卫发现，如今在城市中生活的人们接触到的肉蛋奶类食品大多都是工业生产的结果，而这些产品对人们健康的影响已经是弊大于利。更不必说在如此的工业生产中对动物的残忍对待。在读了《纽约时报》（The New York Times）推荐的畅销书《怎么才能不死》（How Not To Die）以及翻阅了大量资料后，大卫决定跟随哥哥的脚步成为一名素食主义者。

Crêpe RIZ

糙米 BROWN RICE

而这一决定，彻底改变了大卫的人生轨迹。

因为要吃素，使大卫不得不开始关注自己盘子里的食物。在法国，大多数超市提供的快餐都有动物性成分，而能找到的纯素食品也比较局限，于是大卫只好每天用心地为自己做饭。久而久之，大卫从一开始的"很难适应"逐渐对食材本身和烹饪产生了浓厚的兴趣，每天的饮食更是成为了一种需要思考、创造与享受的过程，而不再是"因为要吃饭而吃饭"。他会认真思考眼前的食物来自哪里，怎样的料理方式最能突出食材的味道，如何最高程度地保留营养成分。去市集或超市采购的时候，大卫也会尽量选择应季、当地的蔬菜水果。

这样的改变恰恰给脑海里总画着餐厅蓝图的大卫提供了一个很好的契机，大卫看到素食正像是一扇创造的大门，正在缓缓地向他打开。如何让素食达到营养均衡？如何不断去寻找发现新的食材？又如何传承法国菜的精致和用心？大卫和哥哥开始一步步深入探索素食的奥妙，经过多番思考，大卫和哥哥终于在巴黎的第九区开拓了一片素食空间——Le Potager de Charlotte 餐厅终于变成了现实。

餐厅刚刚起步，没有困难简直是异想天开。为了在巴黎餐饮行业的竞争中占有一席之地，餐厅仅有的四名员工个个身兼多职，每天超负荷地工作着。由于哥哥还有其他工作在身，大卫肩负着餐厅大量的运营管理工作。

大卫聘请的一位厨师，由于热衷于简单的快餐风格，而与大卫所提倡的"用素食传承精致法式料理"的初衷背道而驰，经过几个月的交流磨合，还是不得不解除了雇佣合同。

这也让大卫意识到："真正愿意将大把时间赋予素食料理创新的厨师在巴黎并不常见。"于是大卫决定赌一把，自己做主厨，亲自去研究那些他想象中的素食法式大餐。"在这几个月的合作时间里，我偷师学艺，记住了烤箱的烹饪时间，各种蔬菜的烹煮方法，也就一步步开始自己尝试创新菜肴。"事实证明，Le Potager de Charlotte 开始在巴黎越来越有名气，这是一个勇敢而成功的决定。

不去追求菜品的种类和数量，而是专注于每一道菜的质量和用心程度。餐厅的菜单只有一张简简单单的纸，写着三四道前菜、三四道主菜以及甜点。除了两三样招牌菜被保留外，大卫会每隔两三个月更换一次菜单。问到其中的原因，大卫说："不只是我的创作热情太高涨，也是为了尽可能让客人们品尝到应季的食材，尽可能地选择当地或附近出产的蔬菜水果，以减少交通运输过程造成的环境污染。"

"素食料理就像是一个崭新的舞台，没有太多的繁文缛节，可以尽情地去发现、去发挥。"素食主厨选择的是一条鲜有人走的路，年轻的大卫一路上有过困难、有过质疑，但他对素食的创作热情却从未减弱。

访 Interview

你是怎么决定要在巴黎开这家素食餐厅的呢?

我一直都很向往拥有一家自己的餐馆,素食主义给了我这个开始动手的理由。这家餐厅是我和哥哥一起决定开的,哥哥是营养健康学的专家,他从几年前就决定纯素饮食,也将这个理念传递给了我。

为什么你要成为纯素食者呢?

为什么不呢?对我来说素食主义不只是我们的一个选择,更是一种使命。肉类的大量生产是基于对动物的残忍饲养方式,就像如今很多纪录片中报道的,我们在生活中常见的大多数肉类产品,都不是自然饲养的结果,是时候停止对动物的折磨和屠杀了。不仅如此,肉类的生产过程会消耗大量能源,如今我们脆弱的生态环境已经不能继续承受了。除此之外,素食可以减少很多疾病的发生,大家应该也有听说,很多疾病,甚至癌症都和动物性饮食相关联。我哥哥研究了很久人体消化和吸收肉类营养的过程,以及动物性食品对人们健康的影响。他几年前把分析的结果与我分享,我才决定不再吃任何肉类和蛋奶制品。

成为素食者后有没有遇到什么困难?

刚刚开始吃素的时候,必须改变很多生活习惯,这还是挺难的。要说服身边的人接受素食主义也并不容易,毕竟大多数人想象中的素食就只是冷食简餐。特别是家人们会担心我会因为营养不足而生病。其实我想说的是,吃素并不意味着每天吃蔬菜沙拉,有很多食材的潜力在等我们去发现。

你的厨艺是从哪里学的? 能让那么多人爱上你的菜?

其实我并没有在烹饪学校学习过,可以说是自学成才,哈哈。烹饪是一个创造的过程,有一些需要特别关注的创造点。食物的味道自然是关键的,除此之外,我很在意颜色搭配和不同口感的叠加。我爸爸是摄影家,爷爷是油画家,受他们的影响我从小就对颜色很敏感,也喜欢动手做东西。在我看来料理的创新就像是在设计一座建筑,颜色、口感、装饰摆盘,需要一层一层地去思考,一层一层地叠加上去。另外,我很喜欢中餐的各种香料,中国菜给了我特别多的启发。

你对餐厅的未来有什么期待吗?

随着越来越多的人开始关注食材运输过程中的碳排放量会加速全球变暖,在建筑物屋顶和城市周围建立蔬果园已经成为了一个热门话题。"Potager"在法语里就是"小蔬果园"的意思,所以我们也正在筹划自己在巴黎周边乡村的小蔬果园,期待有一天能够用自己种植的有机蔬果创造更多美食,邀请大家来店里品尝。

如果用一句话来总结素食的生活方式,你会说什么?

素食的世界可以是丰富多彩的,可以是很酷的!素食只是一种饮食方式的转变,而不是去减少饮食的乐趣。

纯素牛油果"鸡蛋" *Avocat Façon « Œuf Dur »*

食谱

牛油果
鹰嘴豆
混合蔬菜沙拉（按照自己喜欢的绿叶蔬菜）
姜黄少许
柠檬／柠檬汁
大蒜
南瓜子
橄榄油
盐
黑胡椒
KALA NAMAK 盐

【1】
前一天把鹰嘴豆泡水。

【2】
用水煮软鹰嘴豆，拌入少许姜黄，盐，柠檬汁，1匙橄榄油，少许蒜，研磨黑胡椒。简单拌一下之后放入搅拌机搅拌均匀。

【3】
开火炒熟南瓜籽，加入少许盐和橄榄油。

【4】
将炒好的南瓜籽和喜欢的蔬菜沙拉混合装盘。

【5】
牛油果去皮切半，去掉中间的核，放在盘子的另一边。

【6】
将搅拌好的鹰嘴豆酱填进牛油果中。

【7】
最后撒上少许 KALA NAMAK 盐，提香。

尝一口未来

用心烹饪自然纯粹的味道

专访京城最低调的高端蔬食餐厅京兆尹研发总监尹慧观

编辑／张小马
采访＆文／张于惠子

糙米 BROWN RICE

提及皇城根脚下的素食餐厅,则不得不提到满誉京城的『京兆尹』东望雍和宫,南邻孔庙和国子监,位于北京旧城内文化气息浓郁的文化集中街区,由媲美米其林三星级餐厅的国际著名烹饪大师诚意主理,堪称北京最低调且最高端的四合院素餐厅,将素食美学和自然养生揉入植物系蔬食中,将『健康、环保、护生』的主张揉入饮食。

如何用心、用爱将自然之食材用充满创意和趣味的方式,烹饪成一道道纯粹自然、本味盈齿的珍馐饕餮,深谙中国文化养生之法、娴于素食烹饪技巧、极具钻研韧劲和创意巧思的京兆尹研发总监尹慧观,有着自己独到而深刻的见解。

尝一口未来

「子卯，稷食菜羹」——《礼记·玉藻》

素食改变了我的生命

尹慧观 30 岁开始食素，算到如今已有 20 余载。谈及当时选择素食饮食的心路历程，尹慧观慨叹："素食改变了我的生命，让我体验到全新的生活方式，呈现了全新的自己。"20 多岁的年纪，上进要强的尹慧观对工作有超乎常人的专注与执著，毫不夸张地说，那时候的他把一天当成两天用，365 天全年无休，全身心地投入到工作中，而忽视了身体与健康的诉求。再加上当时无节制的饮食习惯和错误的饮食方法，可想而知这些不良的生活习惯对身体造成的伤害。30 岁的尹慧观身体提出了严重的抗议：患上了痛风、心率不齐等症状。从那时开始，尹慧观开始正视自己，认真面对自身的健康问题，学会慢下来，静下心与自己对话，与自己的身体平静地沟通，最后选择了素食生活。

尹慧观在接触素食的过程中，不断反思自己过往的生活方式和对待饮食的态度。在大量翻阅并考证记载素食文化的古书后，尹慧观更加认可素食饮食对生命的巨大重塑之力。正如《吕氏春秋》之《重己》篇中所言，善于养生的人"不味众珍"，因"味众珍由胃充，胃充则大闷，大闷则气不达"，"众珍"主要指游鱼、飞鸟、走兽之类的动物食品。这类食品多会使脾胃消化功能呆滞，还会影响气血功能的畅达。如此尹慧观辨明了身体出现状况的主要原因。

尹慧观也十分认可古人由素食文化衍生而出的"淡泊自然"的生活方式。明代医家李延认为，对中年人的精气亏损，唯素食调养，能气阴两补，助胃益脾，最为平正。明代儿科学家万全，在其所著《养生四要》里也再三倡导学习古人"尚淡泊"的生活方式，他认为素食可以使人的体魄、精神处于最佳状态，保持心性淡泊清爽、身体洁净轻灵。

吃素了一段时间，尹慧观惊喜地发现，各项健康指标就又恢复到正常区间。吃素能使得心态变得平和、柔软，思维变得更加清晰，对地球生命的感受更为深刻，性子变得不像以前那么急燥，脾气也变得更为温和，处理事情的方式圆融且柔和，不再钻牛角尖，不再极端偏激，每天都充满感恩之心，面对宛若新生的自己，尹慧观心情轻盈而愉悦。素食，改变了生命的呈现方式，带来了全新的生命体验。

糙米 BROWN RICE

身体力行的素食倡导者

中国素食文化博大精深，中国素食历史源远流长，中国素食饮食讲究的是素净清香。中国素食饮食烹饪的原则是富含多种维生素、蛋白质和天然矿物质，各种营养元素配比均衡，风味优美，食用清香爽口，有利于人体的血液循环，降低胆固醇，有滋补强壮、清肺益气、清涤肠胃及镇静止痛等功效。中国的素食烹饪手法以荤菜的烹调技艺，仿制荤菜的造型，借以荤菜的菜名，惟妙惟肖、引人入胜。

在尹慧观看来，素食文化已经成为了时尚的标签，是一种全新的环保、健康的生活方式。虽然今天的素食不再有宗教的味道，素食文化涵盖的对环境的保护意识和爱护生命的意识，更多体现出现代人类对生命的反思，是文明、进步和高雅的体现。同时，基于健康与养生的考虑，很多人也会主动选择素食饮食，如因禽流感放弃选食鸡肉，因饲料污染引发疯牛病，选择拒食牛肉等。现阶段，因为环境因素、道德因素、保护动物、健康、减重、时尚等原因，越来越多的人选择吃素。

在尹慧观的理念中，素食文化代表了一种回归自然、回归健康和保护地球生态环境的返璞归真的文化理念。吃素，除了能获取天然纯净的均衡营养外，还能额外地体验到摆脱了都市的喧嚣和欲望的愉悦。悄然传播的素食文化，使得素食越来越成为一个全球化的时尚标签。素食，已经成为一种全新的环保、健康的生活方式。

作为忠实的素食文化推广者，尹慧观深谙中国文化和养生之法，亦深谙素食烹饪技巧及"以荤托素"之道，凭借自身认真钻研的韧劲、深厚的素食文化底蕴与娴熟的烹饪技巧创意而巧妙的结合，一道道素食美食自尹慧观手中缔造。尹慧观希望通过美味的素食饮食，将素食文化所代表的自然乐活的生活方式更大范围、更长久地推广下去。

『蔬食遨游，泛若不系之舟』——《南华经》

20 年净心素食路

在尹慧观看来,提及素食文化,自然离不开"正心修德"和"有益健康"两个方面。自从人类走出蛮荒,素食文化一直在这两种理念的影响下发展变化着。随着人类对自然的适应、人类文明的发展、物质生活的丰富,人们对自身的饮食结构开始反省,对蔬食和肉食开始有了不同的认识和选择。

吃素自古便被赋予神圣庄严的仪式感,"茹素数日,以净其身,清其心"。上至皇帝、贵族,下至黎民百姓,莫不认同,莫不尊行。可见"茹素"在世代人们心目中的神圣之"味"。所谓"净其身",意与"仁"同,圣人孟子云:"君子之于禽兽也,见其生,不忍见其死,闻其声,不忍食其肉"。所谓"清其心",意为不纵欲,满足于恬淡之心境。《吕氏春秋》之《本生》篇有言:"肥肉厚酒,务以相强,命之曰烂肠之食"。

素食 20 年之久的尹慧观总结道,素食文化的选择亦意味着节俭寡欲、乐活自然的生活方式和生活态度。从古至今,人们一直坚信素食养生,有益健康。按照中国的古老传统,人不应该过分追求浓烈的厚味饮食,"平易恬淡"才是养生的基本原则。净心素食,正是现代有生命追求的人士普遍寻求的生活方式。

> "古之民未知为饮食时,素食而分处。"——《墨子·辞过》
>
> "未有火化,食草木之实,即此素食也。"——《礼记·礼运》

糙米 BROWN RICE

有爱万事足，京韵走天下

正是基于对素食文化的深刻理解，尹慧观致力并甘愿成为素食文化的推广者和实践者。自尹慧观手中呈现的素食美食神形兼备，营养丰足，挑动味蕾。采用顺应自然生长的纯天然植物为原料，造型超脱清丽，形、神中体现"爱"的味道。尹慧观在素食打造上，坚定地以自然为依归，不违反自然的定律。如食材的选择以野生、半野生、超有机、绿色为选择的标准和准则。不用不自然、破坏自然生态的、不用反季节的食材，依照二十四节气，采用时令的食材来制作符合人体和自然规律，有益于健康养生的美味佳肴。菜品造型亦呈现符合自然的视觉效果。

尹慧观心目中的素食料理就是"爱的料理"，"有爱万事足，用心源于爱心"。通过用爱、用心烹饪素食，让来京兆尹的每一位食客都能感受到美食中所传递的爱。素食饮食是一种文化，是一种内心对儿时味道、对爱的味道的深刻记忆。所以尹慧观在菜品的设计上，秉承"爱"的延续，呈现大家熟悉的、习惯的、记忆当中的家的味道、爱的味道。对于北京京韵有着深深情结和特殊情感的尹慧观，与京兆尹的结合可谓相得益彰。为了让素食理念能够更广泛地推广到世界各地，尹慧观从很多的国际城市当中挑选了北京。在尹慧观的考量中，自2007年的世界金融风暴以后，全球经济看中国，中国的首善之区在北京。中国北京俨然已成为世界瞩目的焦点。

南甜、北咸、东酸、西辣，这是中国各地的人对味道的偏好。老北京人很念旧。因为父亲的饮食习惯与爱好，所以艾窝窝、驴打滚、奶酪、酸梅汤、炸酱面、打卤面、饺子、馅饼、豆汁儿等，都是尹慧观儿时对于美好味道的记忆。尹慧观深思熟虑、多方比较后，选择回到北京，在这样一个京韵十足，且极具国际化风格的新素食文化氛围中，用心建设一个充满"爱"与"尊重"的素食文化推广平台。北京京兆尹就像素食文化的天线和讯号发射台，尹慧观希望能通过京兆尹这个品牌，把素食文化与素食精神发送到全球各地，将"爱"的理念传递到更远的地方。

『子之所慎：齐、战、疾。』——孔子《论语·述而篇》

访 Interview

你是怎么看待吃素这件事情的？

选择吃素，是对生活方式的主动选择，是对自己生命的一种主动把握，不仅对自己的健康更为关注，对任何生命都有了敏感柔软的关爱之情，对生态与环境也产生了宏观的大爱，使命感和社会责任感油然而生。选择素食生活的人，会真心投入热爱大自然，真正体悟"爱的真谛"，会更加随心趋向真实的本源，把握自己生命的节奏，是一种自主选择自然、健康、环保、护生这种乐活生命形态的体现。

你心中的素食文化是什么样子的？

大道至简，道法自然，去芜存菁，返朴归真。以简单纯粹的烹调方式来呈现本真、纯净、健康、有能量、富有禅意的美食境界。

你觉得素食意味着什么呢？

素食于我来说，意味着本源、自然、健康、珍味，意味着尊重生命，保护动物，爱护环境，培养爱心。素食使人更关爱健康，关注生态与环境的保护，让人更喜欢大自然，懂得"爱"的意义。

素食对你的影响如此之深，那么除了自己吃素以外，还通过哪些方式让更多的人了解素食呢？

我茹素20多年，深蒙其益，素食文化引领我崇尚自然、关爱地球、尊重生命，并以推广健康、环保、护生蔬食为志业，成为推广健康蔬食的终生志工，一生致力于引领素食饮食文化、蔬食风尚、素造清心的生活方式。四年来，京兆尹每月初一、十五免费奉粥、每日免费奉茶、初一净街环保、每周周五、周六上午免费义诊、桌上放生、桌上环保、绿色出行，并经常性组织放生、养生、环保等各类公益讲座、文化雅集与教育推广等公益活动，始终致力于引领蔬食风尚、素造清心的生活方式。

素食一样能够做到色香味俱全，甚至更能贴近大自然，呈现自然的纯粹味道。在素食的研发和制作上，你的灵感都源自哪里？

每个人记忆中最原始、最美味的味道，往往都来源于食物后面的美好记忆。京兆尹通过用心研究，从最本真自然的食物风味中提取精华，满足大家自美好记忆中延伸出来的味觉需求，进而达到味觉、视觉、感觉，甚至灵魂上的欢喜。然后在熟悉的味道当中，选用自然纯净的食材和纯粹健康的理念。京兆尹在食材选用方面非常严谨审慎，每一种食材必须是纯净没有污染的；其次，选材需谨遵四季节气，依二十四节气严选食材，选用有能量的天然食材或有机食材，以低糖、低油、低盐、高纤、不添加的烹调原则。注意营养均衡搭配，呈现出蔬食五彩缤纷、芬芳自然的视觉与味觉效果。坚持以大自然的野生食材为优先选择，次第选用半野生、超有机、有机与绿色食材，以保证食材的品质和饮食最本真的风味。

糙米 BROWN RICE

食谱

中国美食文化博大精深，广遨的中华大地各地饮食文化和生活方式差异明显，若把中国历史趣解为一部『吃』的历史，在这悠悠历史长河中，素食饮食一直是其中涌动的潜流。

【策论】：选、鲜、芬、净、氽、萃、菁、润、煸、煨、濡、爱

柴米油盐酱醋茶：

柴：木炭
米：美人米
油：茶油、椰子油
盐：玫瑰盐
酱：藕粉
醋：水果酵素
茶：沉香绿茶

【选】- 严选大小一致的美人米。
【鲜】- 严选新鲜的食材。
【芬】- 大自然的芬芳、无人工添加。
【净】- 食材、调料、锅器纯净无染。
【氽】- 沸水，养分不破坏、不流失。
【萃】- 荟萃，以许多精美的食材与甘美泉水熬制芬芳鲜美的高汤。
【菁】- 精也，沉香浓缩其精华。
【润】- 将美人米浸润于芬芳中。
【煸】- 好油煸好姜，香而温润。
【煨】- 微火慢煮，选用多层纯钢好锅，使食材受热平均，同时熟成，让食材呈现最佳口感。
【濡】- 以莲藕粉、鲜高汤作为芡汁，以沉香雾熏染香气。
【爱】- 用爱料理，愿食者欢喜、健康、吉祥。

[氽烫]
挑选、洗净以后的美人米，以泉水高汤作沸水处理，留住营养与口感。

[热油]
选自台湾优质纯净的好茶油，茶油具有润肺、祛火、清热、解毒、消肿、止痛、通便、减肥、增强免疫力、改善心脑血管疾病等功效。另外，茶油还有极好的美容作用，能祛除皱纹、雀斑、暗疮、痤疮及防晒、乌发等，孕妇也适合食用。比得上橄榄油。一般的油燃点在180℃，而茶油的燃点在260℃，所以不会产生致癌物质。

[煸香]
选用山东的有机姜，煸香后捞出。

[入锅]
姜煸香后，放入美人米。
美人米又称芡实，产于江南水乡，含有丰富的营养，富含多种维生素和矿物质，保证体内营养所需成分。粒粒精挑细选，大而饱满，气味芬芳，口感丰富而美妙。

[优器]
特别选用国际名厨指定的瑞士纯净多层优质钢锅烹制，此锅采用上等五合材料 Swiss Ply 制作而成，烹制时可让每一颗美人米均匀受热熟成，体现食材本真的味道。

[着衣]
采用莲藕粉、精制高汤上薄芡。
素高汤是选用十余种菌类和植物系天然食材分别熬制而成，自然鲜美，营养丰富。

[添宝]
盐是厨中宝，选用玫瑰盐。

[淋香]
起锅前淋上秘制香油。

[灵气]
用海南沉香熬水，气化香雾，让美人米浸润于沉香的灵气当中。

糙米 BROWN RICE

灵 · 感

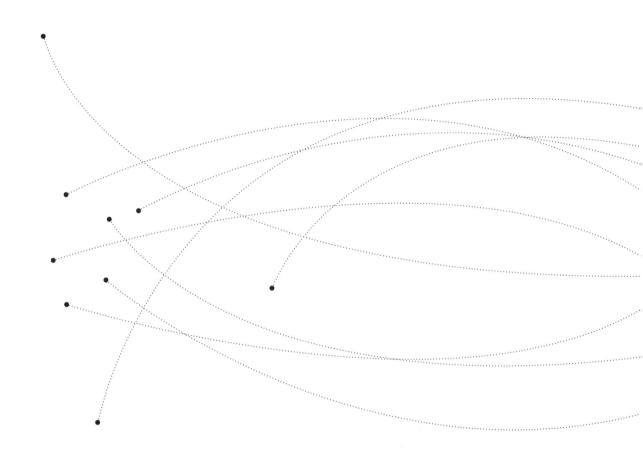

INSPIRED BY THEM

Daphne Cheng | Shuman | Hazel

尝一口未来

一场伟大变革的秘方

编辑 / 张小马
文 /Daphne Cheng
译 / 孙梦颖

主厨 Daphne Cheng 因她制作创意与优雅兼备的蔬食料理而闻名。在纽约时，Daphne 建立了创意活动空间 Exhibit C，以及大名鼎鼎的地下晚餐俱乐部 Suite ThreeOhSix，此外她还在当地的两家餐厅 Mother of Pearl 与 Ladybird 担任行政主厨。最近她来到中国上海，计划开启一场植物性饮食的变革，希望通过美味的食物引导人们吃得更健康。

在一口大大的锅子里，充分混合一个理念的各种初始成分：加入满满一大勺决心，两小撮热情，再撒上一把乐观，细火慢炖直至熟透。那么，我们今天的晚饭是什么呢？一场变革要开始了。

我们所生活的世界广阔而美丽，但同时我们也处于危险之中。气候变化正在发生，并已制造了不少麻烦——破纪录的风暴数量、融化的冰盖、热浪、干旱……不幸的是，现实中没有超人来拯救我们，我们只能站出来做自己的超级英雄，去拯救世界。

在美国和欧洲，肉类消费量正在下降，然而在中国，肉类消费却正处于上升趋势。这也就意味着，肉类的全球消费总量在上升。肉类生产是温室气体的头号来源，因此我们必须对抗这种消费上升趋势。中国人视吃肉为地位的象征，认为肉类是生存必需品，那么最佳的方式就是改变人们对于素食的陈旧观念，提升素食料理的美味程度，并向公众普及更好的营养来源知识。

"所有伟大的改变均始于餐桌。"——罗纳德·里根（美国前总统）

作为厨师，我"说"服人们吃素的方法往往是为他们呈上真正色香味俱全的食物来吸引他们，而不是劝说他们。

我相信给人们"喂药"都是加上"一大勺糖"。我从没见过有人喜欢细品苦药融于舌尖的过程。因此，如果我们想传达少吃肉的信息，那就不该布道说教。

我曾前前后后为两万五千多名顾客主持过晚餐俱乐部派对，一张餐台便是我吸引人们的工具。这些顾客中80% 都并非素食者，但他们中许多人都告诉过我，这一顿顿晚餐让他们大开眼界，并意识到蔬菜竟可以如此美味，他们也将会尝试多吃植物性饮食。

我的目标是使纯素食变为常态，变成主流。为此，我们需要让素食流行起来。为了让它流行起来，我们就要知道，什么东西才可以让一件事物变得流行。

若细观当下时兴的东西：名人、流行文化、设计师品牌、自拍，你会发现，视觉就是一切。事物被呈现的样子和被推广的方式很大程度上决定了人们是否喜欢它。

糙米 BROWN RICE

能不能将同样的市场策略和创意想法运用于推广蔬食呢？当然可以！如果你能让蔬菜很好吃、很简单、很有趣，以及很酷，那么越来越多的人就会愿意尝试它。

一般来说，人们做事的动力仅仅在于这件事是否对自己有利。这不一定是坏事，最无私的人也是由某些个人原因驱动而行善的。不过，在试图传达某些信息时，这是必须考虑的一点。

那么如何掌握流行趋势呢？答案是通过观察，通过研究人类，也就是所谓的市场调查。

最重要的是站在你的受众而非你自己的角度思考。也许你喜欢绿色，但所有其他人都讨厌绿色，然而你做的调查显示，80%的人喜欢黄色，那你就该选择黄色。

在试图吸引公众时，你可以在不放弃你的理想的前提，将个人的偏好暂时放在一边，这是一个必须达到的平衡。

为了成功传达一则信息，我们要用到心理学和人类行为学的知识，开发出能够自然吸引受众而非将观念强加于他们的技巧。

为了更好地向人们传达信息，以下是我们需要了解的人类共通性：

（请客观看待以下内容，无需多作评判。它们并不是负面消极的特质，它们就是如此而已。如果你可以包容人们所有的错误，站在他们所处的人生特定阶段去理解他们，你便可以更顺利地传达你的信息。）

人都很懒

人人都想要简单方便的方案。你听说过我们正处于"宅经济"之中吗?为了让人们多吃蔬菜,就要使这件事变得尽可能简便。如何使吃素变得更加简便?关键就是素食的普及、易获得和可负担得起。

人都是享乐主义者

人人都想过得快乐。我们都喜欢玩乐,吃美食,享受我们有幸得以体验的美好人生。纯素食物必须要美味才能让人有吃的欲望。

人都需要保护自己的自尊心

戴尔·卡耐基曾在他的畅销书《如何赢得朋友及影响他人》中写道:

"用一个眼神、一种说话的声调、一个手势,你就能告诉别人他错了,这些方式和语言一样有效。如果你说他错了,他会同意你吗?绝不会!因为你直接打击了他的智商、判断力、荣耀和自尊心,这反而会使他想反击你,而决不会使他想要改变主意。即使你搬出所有柏拉图或康德的逻辑,也改变不了他的己见,因为你伤了他的感情。"

人都有自尊心,他们不喜欢被指出错误

在美国,许多极端的动物权利组织会采取羞辱、喊口号、抗议甚至是向人泼油漆的方式,这只会激起人们的防御意识,并开始厌恶纯素食者。

如果你志在影响他人,即使他们的观点与你相左,你也必须真诚地尊重他们和他们的观点。责备、羞辱或是说教对你完全无益。

当人们感觉需要自我防御意识时,即便他们知道你说的话可能是对的,也会选择继续固执下去。因此,避免激起人们的防御意识非常重要。

关键在于不要让人觉得吃肉是罪恶的,而要帮助他们认识到,他们其实可以为解决问题出一份力。谈到成为素食者时,请采取温和的态度,鼓励性的话语和积极正面的方式。

人都习惯于怀疑

有太多相互矛盾的信息、虚假新闻、伪劣食品、冒牌有机认证……人们都不知道可以信任谁了。请确保你拥有足够的知识储备,以及正确的事实依据。如果有人不相信纯素食能获取足够的营养,就用营养学的事实依据告诉他们,小扁豆、豆腐、芝麻含有充足的蛋白质,有时甚至比肉和鸡蛋的蛋白质含量还要高。世界上最强壮的男人是素食者(Patrick Baboumian,世界举重最高纪录保持者,伊朗裔德国人)。如大象如此庞大而强壮的动物也是吃植物为生的。

但在解释时,请务必以友好温和的方式,不要让对方觉得自己很愚蠢,这也会激起他的防御意识。通常我会推荐人们阅读《中国健康调查报告》这类有科学基础的书。

人都需要有归属感

人们需要被社会接受,这是普遍自然的真理。我们经常忽略食物是社会性的这一事实。我们和朋友家人相聚时会吃,庆祝时会吃,与人社交时也会吃。因此许多人觉得,被一群吃肉的人包围很难素食。这也许是最大的障碍。我们需要团结起来告诉人们,素食者是一个很大的群体,不吃肉一点都不奇怪,相反,素食很酷,很前卫。

如果你是素食者,你代表的不仅是自己,而是整个变革,是未来。因此你与他人的每一次互动都不仅关于你和这个人,更关于你和这场变革。

让我们集结起全中国五千万素食者,团结起来,创造改变。一个人可以带来一些改变,但一群人可以搬动大山。

如果我们成功地使五分之一的人每周少吃20%的肉食,潜在的影响不可估量。

我们在此想开启一场伟大的变革。有一场著名的TEDx演讲(Derek Sivers: How To Start A Movement)观察并讲述了一名疯狂的舞者是如何一次影响一个追随者,最后创造出一场完整的舞会的。

那么,来与我共舞吧!

我在纽约学素厨

编辑 / 张小马
文 /Shuman

Shuman，素食武汉妞，香港中文大学人类学哲学硕士，纽约自然美食学院（Natural Gourmet Institute, NGI）有史以来第一位中国毕业生。独自运营微信公众号"食素小札"。

去纽约学习素食厨艺可能是我目前人生中最重要的转折点，我从一名待在书斋里的人类学研究生变成了现在泡在厨房里的素食 Chef！

这还得从 2015 年冬天说起。那时我还是香港中文大学人类学系的硕士生，正在进行辛苦的毕业论文写作。每天泡在图书馆或办公室埋头读书写作十个小时，但进展缓慢，有时一整天什么也写不出来。有一天我实在写得灰心丧气，鬼使神差地在 Google 上搜索 "Vegetarian Cooking School"（素食厨师学校），一所名叫 Natural Gourmet Institute, NGI（自然美食学院）的学校映入眼帘。点开网页，几个关键词出现在最显眼的位置：

Seasonal, Local, Whole, Traditional, Balanced, Fresh and Delicious.
应季，本地，完全，传统，
平衡，新鲜，美味。

NGI 的饮食哲学与我的想法不谋而合。继续探索，我发现 NGI 有一个为期半年的主厨培训班（Chef's Training Program，CTP），课程包含食物采购、烹饪技巧、健康烹饪的原则等内容。NGI 说这个课程会是"Life-Changing"（改变生命的）。

我强烈地动了心。春节回家的时候我把这个想法告诉了爸妈，他们听到时非常吃惊，但最终理解并且同意了我的决定。在他们的支持下，处理完香港的毕业事宜之后，我于 2016 年 9 月到达纽约，正式开始学厨。

在自然美食学院的第一天，老师问了这样一个问题："你们为什么要来到 NGI？"

这个问题值得一问，因为班上一半以上的同学都不是美国人，大家从五湖四海来到 NGI 学习素食厨艺。巴西姑娘 Denise 说她感到巴西饮食对肉的依赖太深，而这正在毁坏亚马逊雨林和整个地球；Keertida 来自全世界最素食友好的国家印度，她敏锐地发现印度市场的西式素食选择很少，有商科背景的她希望毕业后回印度创业；澳大利亚姑娘 Bec 是个护士，在医疗系统的工作经历让她明白饮食对人身体的影响多么巨大，但现在的医学对病患的饮食搭配没有任何系统性干预方法，她希望能力所能及地去改变这个现实；来自挪威的 Vibeke 曾患过癌症，她用植物性饮食和瑜伽冥想遏制住了病情，她希望学到更多健康饮食的知识，将来在挪威开一所疗养机构……

尝一口未来

对我来说，来 NGI 学习素食是为了实现在中国推广素食的理想。我于 2015 年夏天成为一名素食者，同年 12 月初开通了自己的微信公众号"食素小札"。在经营公众号的过程中，我发现很多读者都想学习素食厨艺，但是苦于没有资源……每次我只能建议他们就近去素食餐厅当学徒。有一天我突然想，国内素食培训不成熟，我正好可以在这个环节推动素食的发展，如果我接受了专业的素食培训，我自己就可以教大家了，如果更多人知道素食烹饪如何做得好吃，更多素食餐厅开业，不就是推广了素食吗？

进入 NGI，每个同学带着不同愿望共同学习。从第一次做饭时的手忙脚乱到现在的（几乎）胸有成竹，每个人都进步巨大。

NGI 的主厨培训课程与正统法式厨师学校的课程设计有很大不同。对于后者来说，处理肉类——包括如何挑选食材，辨识动物不同部位肉质的区别，给鸡、鱼去骨，肉的不同烹饪方法等占了课程的很大比重，相比而言蔬菜的课程比重很小。在 NGI 情况是相反的，我们大部分时间是与植物性食物打交道，动物性食材作为参照物偶尔出现。比如在烘焙课上我们把一个常规的用了蛋奶的曲奇做了七遍，每做一遍就换掉一种配料，从白面粉、白糖、牛奶到黄油、鸡蛋，统统都换掉，最后一遍做出了不使用蛋奶和白面粉、白糖的健康版纯素曲奇。

那天我们做出了成山的曲奇麦芬和布朗尼，刚开始时大家还迫不及待地一块一块抓曲奇吃，到了第三四盘的时候大家只尝一小口，那天放学时全班同学腻到发誓再也不吃烘焙的食物了！

在 NGI 上课的时光充满欢乐，但也富有挑战。周一到周五，大部分的时间我们都是站着的，切菜做饭洗碗洗菜之类的劳动一天要重复无数次。碰到周五晚宴的日子，我们一天要在厨房工作超过十二小时，晚上回到住处时，连微信都不想刷只想蒙头大睡……练习刀工和烹饪技巧时割伤和烫伤如影随形，每个人的手上胳膊上都有伤疤。第一次手指被烫伤的时候我还忍不住流眼泪，到现在我已经能做到面不改色了。

在纽约待的半年多，我竭尽所能学习与素食精致烹饪有关的一切。NGI 课程结束之后，我去了两家米其林餐厅实习，磨炼了自己的烹饪技巧也见识了顶级餐厅的水准。我也参与了很多重要的活动，包括在美国饮食界最著名的詹姆斯·彼尔德基金会（James Beard Foundation）参与准备了五次晚宴。

现在我回到国内，正式开展素食传播和推广事业。希望与国内的素食同仁同好一起努力，让更多人了解素食的美好。

糙米 BROWN RICE

了不起的素食者

编辑 / 张小马
文 /Hazel

Hazel 张思，在新疆出生长大的湖北人，北京大学毕业后从事出版业三年，后来在纽约大学就读整合营销硕士，2015 年 4 月休学，回国创业。她致力于让素食流行起来，梦想以此启发更多人尝试一种健康、有爱、可持续的生活方式，要用温柔的方式撼动世界！

早在五千五百万年前的远古时期，人类的灵长类祖先都是素食者。他们主要吃水果和蔬菜，95% 以上是植物性饮食，只有极度缺乏食物的时候才被迫吃少量肉。这种饮食不但使人类智力扩展、体格增长、颌和牙齿缩减，而且让人类得以生存繁衍。

为了从植物中获取足够的营养，我们的祖先需要花很长时间觅食，以便从多种水果和树叶中获得充足的蛋白质和其他营养。这种饮食习惯可能是灵长类动物较为长寿的一个因素，因为无法依赖相对迟钝的味觉和嗅觉来辨别食物的毒性，猩猩和人类需要若干年的青春期来学习哪些食物是安全和有营养的。这可能是促使了人类成为地球上活得最长的动物之一的原因。

到后冰河时期，人类无法获得足够的水果、坚果和蔬菜，才开始吃动物的肉以求生存。虽然，由于生存需要和条件限制等原因，使肉食的习俗流传了下来，但是，历史上许多个人或团体，由于了解纯净食物对于人类健康、心灵的平和与人类发展的重要性，而成为素食者。

"Vegetarian"（素食者）这个词诞生于 1840 年代。在那以前，任何不吃动物性食品的人，在西方世界都被称为 "毕达哥拉斯主义者"。在毕达哥拉斯看来，动物和人一样有灵魂，只有善待动物，人类才能获得幸福。他的学说激励和影响了柏拉图、普鲁塔克和早期基督教教士，使他成为了西方的 "素食主义之父"。

与毕达哥拉斯几乎同时代的印度，另外一位圣者也教导人们众生平等，爱护动物，并且倡导植物性的饮食，他就是佛陀。佛陀所主张的 "不害"（梵文为 Ahimsa，包括对所有众生的仁慈和非暴力，因为相信万物一体），后来被圣雄甘地所继承，教导给他的追随者，从此 "非暴力思想" 广泛传播，不但使印度获得民族独立，也深刻影响了美国黑人运动和全世界各地争取和平变革的民主运动。

尝一口未来

1971年，26岁的弗朗西斯·穆尔·拉佩（Frances Moore Lappe）在看到阿波罗八号所拍摄的地球全貌照片后突然间了悟，地球是颗小而脆弱的星星。她发现要生产1磅肉需要消耗14磅的粮食，这是对地球资源的巨大浪费。她因而踏上素食之路，从伯克利大学辍学潜心做研究，最终创作出划时代著作《一座小行星的饮食》（Diet for a small planet）。这本书揭示了西方以肉食为主的饮食方式对于环境以及全球饥饿问题的负面影响，改变了数百万人的饮食观和世界观，也影响了乔布斯成为素食主义者。

1977年，约翰·罗宾斯（John Robbins）放弃继承父亲巴斯金·罗宾斯（Baskin Robbins）的"冰淇淋王国"和荣华富贵的生活，搬到小岛上，过着一年只花600美元的简朴生活。他发现只要改变饮食习惯，就能对自身健康以及地球环境和生命产生深远的影响。于是经过7年沉淀和3年实地调查，他撰写了影响巨大的《新世纪饮食》（Diet for a New America）。此书一出版，即刻动摇了美国人多年来的饮食习惯。他说："父亲追求的是一般美国人赚大钱的美梦，但是我的梦想是追求一个充满和平、良知的社会。"

2005年，被称为"世界营养学界爱因斯坦"的T·柯林·坎贝尔（T·Colin Campbell）教授，出版了震惊全球的《救命饮食》（The China Study）。首次用大量科学数据揭示了动物蛋白能显著增加癌症、心脏病、糖尿病、骨质疏松症等许多慢性疾病的发病率，而以植物为基础的饮食能有效地预防甚至逆转慢性疾病。

同一年，威尔·塔特尔(Will Tuttle)博士历时5年创作的《世界和平饮食》（World Peace Diet）一书出版，召唤一场人类灵性和文明的变革。他和妻子"全职流浪"21年，在全世界巡讲，呼吁人类：解决疾病、粮食危机、全球暖化、污染、资源短缺、战争、暴力、经济危机等诸多问题的答案，就在我们的餐盘上。

2009年，保罗·麦卡特尼（James Paul McCartney）和两个女儿发起"无肉星期一"运动。2013年，乔西·巴克（Josh Balk）和他的搭档推出植物鸡蛋。2013年，被誉为"德国最强壮男人"的34岁纯素力量运动员派崔克·巴布米安（Patrik Baboumian）背负550公斤重量行走了10米，打破世界纪录。2015年，41岁的纯素超级马拉松运动员斯科特·尤雷克（Scott Jurek）用46天8小时完成了3500公里的挑战，创造了新的世界纪录……

这张"了不起的素食者"的名单，还可以写得很长，不过我还是就此打住。

事实上，每一天，每一顿饭，我们都被赋予了一次选择的机会。我们也可以和这些了不起的素食者一起，选择更温柔地对待地球和其他生命，更高效地利用资源，也让我们的身体更加干净、健康、有活力！